最新

乳房炎コントロール

損失を最小限にする

三好 志朗

三浦 道三郎

まえがき

乳房炎は「古くて新しい疾病」といわれ、酪農家や獣医師達は乳房炎と戦い続けています。しかしながら乳房炎は、いまだに酪農場に最も大きな損失を与える疾病として存在し続けています。

乳房炎の99%は乳頭口から原因菌が入ることにより発症します。乳房炎原因菌には、体細胞数を高めてしまうような潜在性乳房炎原因菌や死に至るような甚急性乳房炎原因菌、さらにはマイコプラズマを含め抗生物質の効かない真菌類や藻類など、多くの種類が存在します。

したがって乳房炎を予防するには、農場でどのような種類の原因菌が存在しているのかを知ることが非常に重要であり、それが「バルクタンク乳(BTM)モニタリングが乳房炎コントロールのファーストステップである」といわれるゆえんです。本書では、BTMモニタリング結果について、いろいろなケースを紹介しながら問題点を見つけ出し、改善する方法を考えてみました。

乳房炎の治療では、原因菌を乳汁培養により特定して最適な薬剤を投与することが治療期間を短くする方法です。現在では原因菌の特定が容易な選択培地なども開発されており、オンファームカルチャーを含め培養結果に基づく治療プロトコルについても考えてみました。

さらに牛床環境を含めた搾乳衛生や搾乳手順などについても、いかに乳房炎予防にとって重要であるかを述べています。今後、牛群規模は拡大することから、なお一層の牛群管理が望まれます。

本書が酪農現場での乳房炎コントロールにおいて、少しでもお役に立つことを願っております。そして本書の発刊に多大なご支援をいただいた㈱デーリィ・ジャパン社に感謝いたします。

2017年8月

エムズ・デーリィ・ラボ　三好 志朗

ミウラ・デーリィ・クリニック　三浦 道三郎

第1章

酪農現場と乳房炎感染の真相を見抜く

三好 志朗
エムズ・デーリィ・ラボ 代表、獣医師

ホームページ http://ms-dairy-lab.com

Part 1 バルクタンク乳モニタリング

1 乳房炎コントロールのためのモニタリングの重要性

The News Letter from M's Dairy Lab

「エムズ・デーリィ・ラボ」という、バルクタンク乳（BTM）中の細菌検査を中心とした乳房炎原因菌検査施設を立ち上げてから約10年が経ちました。これまでにラボに集積したデータや学んだ情報をもとに、乳房炎コントロールについて考えていきたいと思います。

乳房炎の損失コスト

酪農家は長い間、乳房炎と闘い、多くの乳房炎治療プログラムやプロトコルが考えられてきました。しかしながら依然として、乳房炎は農場における3大疾病の一つです。それゆえに「乳房炎は古くて新しい病気である」と言われています。

乳牛の疾病のほとんどは泌乳量を減少させますが、乳質も低下させ、生産性に大きく影響を与え、農場の収入を減少させてしまうのは乳房炎だけです。したがって乳房炎は、非常にコストのかかる疾病なのです。

そのコストの内訳は、薬剤コストが20％なのに対し、廃棄乳コストが60％であるとの試算があります。廃棄乳とは搾乳した乳を捨てるわけですから、これほどの損失はありません。廃棄乳コストを減少させるためには、抗生物質軟膏を効果的に使用し、治療期間を短くして、廃棄乳量を最小限に抑えることが重要となります。

以下は、乳量30kg／日の乳牛が乳房炎になった場合の損失を試算した例です。乳価は100円として計算しました。

30kg×100円 ＝3000円
1日のエサ代 ＝1000円

4000円×6日間＝2万4000円
治療費＝ 4000円

2万8000円

2万8000円÷850円（スーパーのパート時給）＝32.9時間
32.9時間÷4時間（朝夕の搾乳）＝8.2日分

乳量30kgの乳牛1頭が乳房炎になっただけで、搾乳パートを約8日間雇えるほどの大きな損失になるのです。

このように大きな損失を招く乳房炎をコントロールするためには、各農場における乳房炎原因菌のモニタリングが非常に重要です。

乳房炎コントロールにおけるモニタリング

乳房炎の99％は乳房内に細菌が侵入して発生するので、搾乳時に乳頭の細菌を最小限にするのが重要なのですが､ゼロにすることは不可能です。しかし、生乳中の細菌をモニタリングすることで、その農場における原因菌の状況を把握することができます。

乳房炎コントロールにおいて重要なモニタリングは以下の三つです。

①バルクタンク乳モニタリング

表1　バルク乳モニタリングの問題点を把握する

問題点	乳質	乳房炎
商品価値が低い・ない	✓	✓
細菌数が高い	✓	✓
搾乳者の教育	✓	✓
バルク乳体細胞数が25万／mℓ以上	✓	✓
先月よりも乳房炎が多い		✓
新規に牛を導入した場合	✓	✓
牛群拡大後のモニタリング	✓	✓
マイコプラズマの疑いがある場合		✓
乳脂肪や乳蛋白のモニター	✓	

（JayaraoとWolfgang, 2004より抜粋、加筆）

バルクタンク乳（BTM）中の細菌のモニタリングは、1970年代に米国カリフォルニア州で始められ、ミネソタ州の研究者により実施方法が確立されました。現在では、搾乳衛生や乳房炎原因菌の汚染の程度を把握し、乳質や乳房炎の問題がある牛群を調査するための論理的なアプローチとして、乳房炎コントロールのファースト・ステップと考えられています。牛群のすべての乳牛の分房乳をサンプリングするよりも経費がかからず、経時的に繰り返しBTMをモニターしていくことで、農場における乳房炎原因菌の変動を知ることができ、乳房炎コントロールにおける重要な情報源となってきます。そして、それは臨床型乳房炎が発症した場合の原因菌や高体細胞牛群の原因を予測するための目安にもなりますし、今後に発症する可能性のある乳房炎を予防するためのデータにもなります。

BTMモニタリングを行なううえで、乳質と乳房炎についての問題点を明確に把握するための指標を**表1**に示しました。

②乳房炎原因菌モニタリング

BTMのモニタリングは、乳房炎コントロールのファースト・ステップと述べましたが、個体乳を検査しているわけではないので、当然ながら個々の乳牛の状態は把握できないわけです。したがって、乳房炎を発症した場合は、乳房炎原因菌をモニタリングする必要があります。

乳房炎原因菌はそれぞれ症状に特徴があるので、ただ抗生物質軟膏を乳房内に注入すればよいというものではないのです。場合によっては、搾乳を中止して乳房を休ませるほうが治る場合もあります。また、前搾りでブツの排泄を見て乳房炎乳だと思っても、乳牛自身が治しており、乳房内に原因菌がいない場合もあります。このようなときに抗生物質を注入しても廃棄乳を増やすだけで、農場の利益につながりません。

したがって乳房炎原因菌のモニタリングを行なうことは、治療を的確にして抗生物質軟膏の使用を最小にとどめるとともに、廃棄乳量を減少させて農場の損失を防ぐことにつながるのです。

③初乳モニタリング

ほとんどの農場では、乾乳時に乳房炎の予防や、慢性あるいは潜在性乳房炎の治療のために、乾乳用の抗生物質軟膏の注入を行なっていますが、すべてにおいて効果があるわけではありません。残念ながら、乾乳期に乳房炎を発症してしまう場合もあります。それゆえ分娩直後における初乳モニタリングにより、乳房炎およびその原因菌を調べることは非常に重要です。とくに黄色ブドウ球菌（SA）感染牛が存在する農場では、まだ一度も搾乳されていない初妊牛がすでにSA性乳房炎を発症している可能性が非常に高いことが認められています。このような初妊牛の乳房炎の場合、分娩直後に治療を実施すれば治癒率は非常に高いとの報告もされています。

したがって初乳モニタリングは、乾乳期の乳房炎の状態を把握して早期に治療を開始することができ、その結果、泌乳ピーク時に急性乳房炎の発症を予防するためにも必要なのです。

2

バルクタンク乳モニタリング

The News Letter from M's Dairy Lab

バルクタンク乳モニタリングの利点と限界

バルクタンク乳（BTM）モニタリングとは、BTM 中にどのような乳房炎原因菌や環境性細菌が混入しているかについてモニタリングすることです。この検査によって、農場の搾乳衛生や乳房炎原因菌の汚染状況などを把握することができます。

《利点》

・BTM モニタリングは、乳質や乳房炎の問題がある牛群を調査するための論理的アプローチである。

・牛群すべての乳牛の乳を検査するよりも経費がかからず迅速である。

・農場で診療をしている獣医師にとって、牛群の乳質や乳房炎原因菌の予測および診断するときの信頼度の高いデータとなり得る。

・BTM モニタリングの結果が良い場合は、農場での搾乳衛生プロトコルの証明になる。

（Jayarao と Wolfgang, 2004 より抜粋）

BTM モニタリングは、1970 年代にカリフォルニア州で始められましたが、上記のように現在では、農場の獣医師にとっては、乳房炎コントロールのための基礎的で重要なデータの供給源となっています。

《限界》

・1 回の BTM モニタリングでは、牛群の乳質や乳房炎原因菌の状況について判断することはできない。

・個体牛レベルでの乳質や乳房炎状態についてのデータは提供できない。

(Jayarao と Wolfgang, 2004 より抜粋)

BTM モニタリングの結果は、通常１回あるいは１日の搾乳状況を表したものであることを理解しておく必要があります。農場では日々、搾乳状況や乳牛の状態も変化していますので、最低でも月１回の BTM モニタリングを実施し、継続することが必要で、その結果として、搾乳衛生や乳房炎原因菌の動向などが見えてきて、乳房炎コントロールのための情報となるのです。

個体牛レベルに関しては、異常と思ったら PL テストや体細胞検査などで乳質をチェックすると同時に、乳房炎と判断した場合には原因菌モニタリングを必ず実施して、原因菌を特定して最適な治療を行なう必要があります。

バルクタンク乳のサンプリング

BTM モニタリングで、まず第一に重要なことは、乳汁のサンプリングです。乳汁サンプリング時、あるいはサンプリング後の乳汁の取り扱い次第で、正確なデータを得られなくなることもあるからです。

採取する容器は、滅菌された新しいスポイトチューブやスピッツ管を用いるのは当たり前ですが、例えば、乳汁サンプル採取後にすぐに冷却しないとサンプル中の細菌が増加してしまい、正確な細菌数が検出できなくなってしまいます。

以下に、BTM のサンプル採取方法と注意点をまとめました。

・BTM サンプルの採取は、少なくとも搾乳後１～２時間以内に行なう。

・１サンプルのみで、できれば１回の搾乳を代表したサンプルが望ましい。

・サンプル採取前に約 10 分間、バルクタンク中の生乳を攪拌する。

・滅菌されたサンプルチューブなどを用いて、バルクタンクの上層から生乳を５～10㎖採取する。排出バルブからの採取は絶対に行なってはならない。細菌数が高くなり、BTM 中の細菌数を正確に反映していないからである。

・サンプル採取後は速やかに冷蔵する。

・36 時間以内に検査ができる場合は冷蔵でもよいが、それ以上かかる場合は冷凍保存し、検査ラボに送付する。

バルクタンク乳モニタリングの検査項目

BTMモニタリングの検査内容を表2に示しました。乳質関係は、耐熱性菌数、生菌数、および予備培養数の検査があります。乳房炎原因菌は、伝染性乳房炎原因菌としての黄色ブドウ球菌、無乳レンサ球菌、環境性乳房炎原因菌としての環境性ブドウ球菌、環境性レンサ球菌、大腸菌群を検査するのが一般的です。

まずは乳質に関する検査項目について考えてみます。

①耐熱性菌数

耐熱性菌数とは、63℃・30分間、バルク乳を加熱した後に培養して検出された菌数であり、通常の低温殺菌でも生存可能な菌の数を表しています。

耐熱性菌のなかで代表的な菌種は、バチルス属（枯草菌）や耐熱性レンサ球菌などです。バチルス属は牛床や敷ワラなど、どこにでも生息しており、搾乳時に浮遊した菌が吸引され、バルク内に混入すると考えられます。環境が悪くなると芽胞を形成するので耐熱性があると考えられ、抗生物質の効かない難治性乳房炎の原因になることもある厄介な菌です。耐熱性レンサ球菌は、耐熱性菌数を増加させる原因にはなりますが、そのほとんどは乳房炎原因菌ではないと考えられています。

表2　バルクタンク乳モニタリング検査項目

検査項目	乳質	乳房炎
総細菌数	✓	✓
耐熱性菌数	✓	✓
予備培養数	✓	
黄色ブドウ球菌数		✓
無乳レンサ球菌数		✓
環境性ブドウ球菌数		✓
環境性レンサ球菌数		✓
大腸菌群数	✓	✓
マイコプラズマ		✓

（JayaraoとWolfgang, 2004より抜粋、加筆）

耐熱性菌数のコントロールは、しっかりとした洗浄で耐熱性菌が生息しやすい乳石を形成させないことです。そのためには洗剤濃度や洗浄温度が重要で、洗浄開始温度は約80℃で、洗浄液排泄時は40℃以上が望ましいとされています。パッキンなどのゴム製品も、傷んだ部分に乳石形成されやすいので定期的な交換が重要です。また寒冷地などで、洗浄水の排泄温度が40℃を下回って

写真1 バルククタンク乳の培養結果

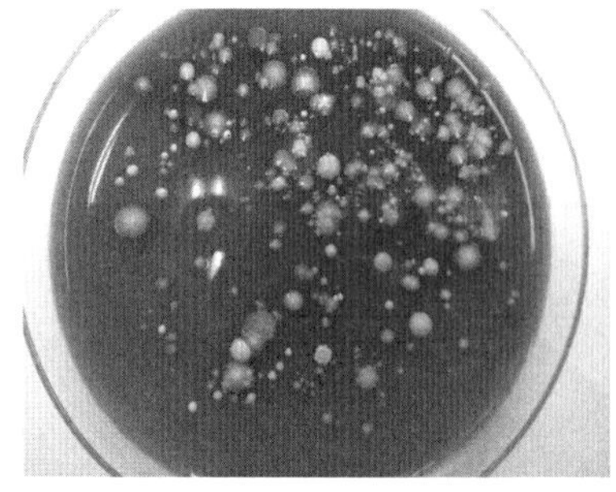

生菌数が非常に多く、搾乳衛生に問題がある

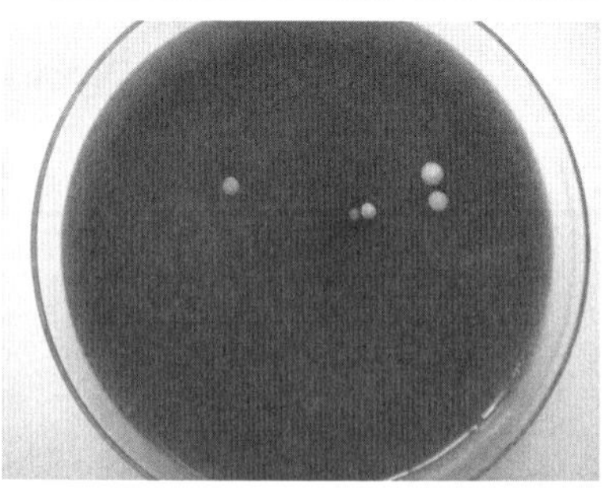

生菌数が少なく、搾乳衛生に問題がない

しまう場合は、30℃まで低下しても洗浄力が落ちない低温用の洗剤を使用することを推奨します。

②生菌数

生菌数は、BTMの1mℓ当たりの細菌数で、乳房炎原因菌、環境菌、および搾乳機器の汚染菌のすべてが含まれ、農場の搾乳衛生の指標となります。生菌数が増加するほど搾乳衛生に問題があり、当然ながら乳房炎の発生率とも関連してきます。

写真1は、エムズ・デーリィ・ラボに送られてきたサンプルを培養した結果です。右の培地は、生菌数は少なく600cfu（コロニー単位数）／mℓで、非常にきれいなBTMであることがわかります。しかし左の培地は、非常に多くの菌が生えていて、生菌数が1万cfu／mℓを超えており、乳質に問題があるばかりか、このように多く菌が生乳中に存在することは、乳房炎に感染する可能性が非常に高いことが推察できます。どちらの農場も、乳頭を清拭して搾乳しているはずですが、左の農場は搾乳衛生に何らかの問題があると考えられるわけです。

③予備培養数

予備培養数〔Preliminary Incubation Count（PIC)〕とは、生乳を13℃で18時間保存した後に培養したときの細菌数です。これは低温状態で増殖する細菌

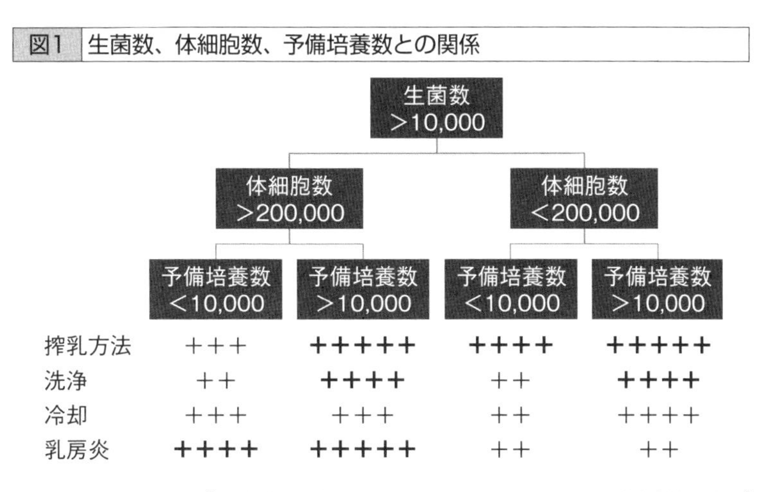

図1　生菌数、体細胞数、予備培養数との関係

（NMC Short Course, BULK TANK MILK ANALYSISより、2013）

を検査するもので、搾乳衛生やバルクタンクの温度管理の状態を評価する数字です。生菌数が非常に多いときに予備培養数を検査することで、乳房炎原因菌が多いのか、あるいはそのほかの環境性細菌が多いのかを判断するデータにもなるわけです。

この低温状態で増殖する代表的な菌がシュウドモナス属であり、抗生物質の効かない難治性乳房炎の原因となります。シュウドモナス属は、水まわりの衛生状態と関係しており、処理室での搾乳ユニットやパーラーなどの洗浄用ホースの取り扱いが悪いと、そこが汚染源となります。また濡れたタオルや水を多く使っての乳頭清拭も、シュウドモナス属を増加させる原因と考えられています。

図１に示したチャートは、米国ペンシルベニア州立大学が、予備培養数、生菌数およびBTM体細胞数を比較することにより、搾乳衛生、洗浄状態、バルクタンクの温度管理、乳房炎牛の存在状況などを推測するための指標として表したものです。

次に乳房炎菌モニタリングで、伝染性乳房炎菌と環境性乳房炎菌の二つに分けることができます。

伝染性乳房炎菌モニタリング

伝染性乳房炎菌とは、乳房内に生息し、搾乳時に乳汁を介して分房から分房へ感染して乳房炎を発症させる乳房炎菌です。

①黄色ブドウ球菌
――BTM モニタリング目標値：ゼロ

黄色ブドウ球菌は伝染性乳房炎菌の代表であり、BTM 中の体細胞数を増加させる潜在性乳房炎の原因菌でもあります。黄色ブドウ球菌は、乳房深部組織の乳腺細胞にまで侵入してバリアー機能のあるバイオフィルムを形成するので、抗生物質治療が困難な難治性乳房炎の原因になります。

黄色ブドウ球菌は、BTM 中から検出されるべきでない細菌とされており、乳房炎を発症しても感染分房からの排菌は少ないので、BTM 中で検出された場合は感染牛が存在する可能性を示しています。ペンシルベニア州立大学では感染の可能性について、週１回の BTM モニタリングを４回行ない、黄色ブドウ球菌が３回検出されたら、牛群に感染牛が存在することを示唆していると述べています。このような場合は、早急に牛群における黄色ブドウ球菌感染牛を特定して、隔離、最後搾乳により感染の拡大を防ぐ必要があります。同時に、黄色ブドウ球菌感染牛群では、初産牛を含む分娩牛の初乳モニタリングを実施して、感染牛を特定することも非常に重要です。とくに初産牛は、この段階で発見して早期治療すれば、治癒率は 85 ～ 95％に達するといわれています。

同時に、搾乳手順の確認も重要です。伝染性乳房炎なので、搾乳手袋を着用して、搾乳タオルは１頭１布にする必要があります。また、冬期における乳頭のひび割れや乳頭口の損傷は、黄色ブドウ球菌にとって絶好の感染部位ですので、グリセリンなどの保湿成分が十分に含まれているポストディッピング剤で乳頭の２／３以上が覆われるように確実に行ない乳頭皮膚を損傷から守る必要があります。

写真２は、BTM 中の黄色ブドウ球菌を培養により検出したものです。目標値ゼロに対し、これだけ検出されたということは、牛群中に黄色ブドウ球菌感

染牛が確実に存在することを示しています。

②無乳レンサ球菌
——BTMモニタリング目標値：ゼロ

無乳レンサ球菌も伝染性乳房炎の原因菌であり、潜在性乳房炎を発症させ、乳汁中に多量の菌を排泄し、BTMの体細胞数の増加の原因になります。

BTM中に検出された場合は、伝染性の原因菌なので感染牛を特定し、最後搾乳にする必要がある場合もあります。ただし無乳レンサ球菌性乳房炎は、抗生物質の乳房内注入治療が非常に有効であり、とくに乾乳期用の抗生物質乳房内注入が実施されるようになっている現在では、この菌の乳房炎コントロールは、それほど難しい問題ではないと考えられます。

写真2　バルクタンク乳中の黄色ブドウ球菌培養結果

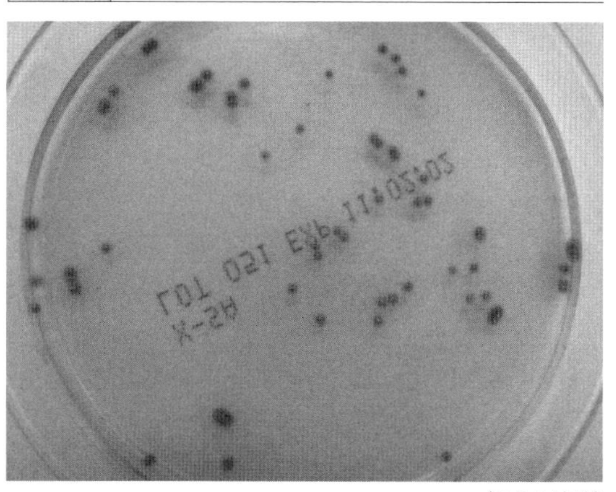

（X-SA 培地）

●黄色ブドウ球菌
伝染性乳房炎菌：搾乳時に乳房から乳房へと感染し、潜在性乳房炎としてバルク乳の体細胞数を増加させる。
●バルクタンク乳（BTM）モニタリング目標値：ゼロ

当然、黄色ブドウ球菌のときと同様に、搾乳手袋の着用、搾乳タオルは1頭1布、ポストディッピングなどを確実に実施することが重要です。また、乳牛を導入した直後に無乳レンサ球菌数が上昇した場合は、導入牛の体細胞数検査やPLテストを行ない、そして乳汁培養による原因菌検査を行なう必要があります。

環境性乳房炎菌モニタリング

環境性乳房炎菌とは、牛舎や放牧場など乳牛がいる環境に存在し、搾乳と搾乳の間で、乳牛が休息しているときに乳房や乳頭を汚染し、その後、乳房炎を発症させる乳房炎菌です。

①環境性ブドウ球菌
――BTM モニタリング目標値：100CFU ／㎖

環境性ブドウ球菌群には､黄色ブドウ球菌以外の多くのブドウ球菌が含まれ、乳頭皮膚の常在菌でもあるため乳房炎の原因菌になります。環境性ブドウ球菌の種類は非常に多く、農場により乳房炎発症時の程度は異なりますが、一般的には乳房炎症状は軽く一過性で、自然治癒する場合も多いことが認められています。

この菌の増加は、乳頭衛生、とくに乳頭清拭に問題があると考えられます。

②環境性レンサ球菌
――BTM モニタリング目標値：400CFU ／㎖

環境性レンサ球菌群には、無乳レンサ球菌以外のレンサ球菌が含まれ、急性や難治性の潜在性乳房炎の原因となり、現在、最も治療が困難な乳房炎原因菌だと考えられています。環境性レンサ球菌も種類が非常に多いため、エスクリン陽性レンサ球菌（*E-Strep*）と、そのほかのレンサ球菌に分けて検出しています。その理由は、*E-Strep* には *S.* ウベリスやエンテロコッカス属などの抗生物質の治療が効きにくい難治性乳房炎原因菌が多く含まれているためです。

環境性レンサ球菌の乳房炎を発症すると、乳汁中に非常に多くの菌を排泄するので、BTM モニタリング結果で、ほかの環境性乳房炎菌が少ないのに環境性レンサ球菌だけが多い場合は、レンサ球菌性の潜在性乳房炎に罹患している乳牛が存在している可能性を示していると考えられます。

③大腸菌群
――BTM モニタリング目標値：10CFU ／㎖

大腸菌群には、主に大腸菌、クレブシェラ、セラチアなどが含まれ、重篤な甚急性乳房炎や抗生物質治療の効果がない難治性乳房炎の原因となります。

これらの菌は乳頭では長期間生存することができないので、BTM モニタリングで増加している場合は、搾乳の直前で乳頭が汚染され、乳頭清拭が不十分であったことの指標になります。したがって細菌数が多い場合は、搾乳手順を確認する必要があります。とくにプレディッピング後、コンタクトタイムを

30秒以上とってからの拭き取りを確実に行なうことです。

さらに、牛床の管理が悪ければ、糞尿で乳房や乳頭が汚染されるので、BTM中の細菌数が増加してしまうことになります。また、敷料管理も重要です。オガクズや戻し堆肥などの敷料を変更後にBTM中の大腸菌群数の増加が見られた場合は、敷料中の細菌数が増加している場合もあるので、石灰消毒して細菌数を減少させるとともに、敷料中の細菌培養（ベディングカルチャー）により、どのような菌が多いのかを検査して、場合によっては敷料として使用を中止するなど判断も必要になります。

＊

BTMモニタリングは、牛群における乳房炎原因菌の汚染状況を示していますので、乳房炎コントロールに取り組むための基礎データとなります。そして継続することにより、牛群の汚染状況の変化が明確になり、より的確な乳房炎コントロールを行なうことができると考えられます。

3

バルクタンク乳モニタリング継続の重要性

The News Letter from M's Dairy Lab

なぜ継続が重要なのか

バルクタンク乳（BTM）モニタリングの結果は基本的に、1回の搾乳、あるいは1日の搾乳状況を表したものです。農場における搾乳状況は、搾乳スタッフの交代、分娩や乾乳における搾乳牛の入れ替えなどにより日々変化しています。また、季節の変化とともに乳房炎原因菌の動きも変化していきます。

したがって、1回のBTMモニタリングを行なった結果で、その農場の搾乳衛生や乳房炎コントロール状況を判断することは非常に危険であると思われます。農場の規模によりBTMモニタリングの頻度は異なりますが、最低でも月1回のモニタリングを実施して継続することが必要であると考えられます。

BTMモニタリングの継続によって蓄積されたデータは経時的な変化を示してくれるので、農場の搾乳手順を含む搾乳衛生改善や乳房炎コントロール・プログラムを、どのように実施したら効果があるのかを的確に判断することができるようになるのです。

BTMモニタリングの年間変動

図2・3は、2年間にわたるBTMモニタリング結果を、年間の月別変動で示したものです。

図2の生菌数は、当然ですが、細菌の活動が活発になる高温多湿の時期である7～10月に増加していることが認められます。この時期には乳頭の清拭

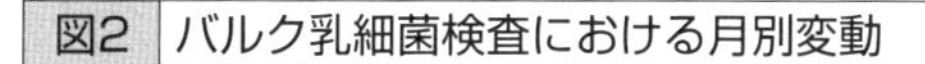
図2　バルク乳細菌検査における月別変動

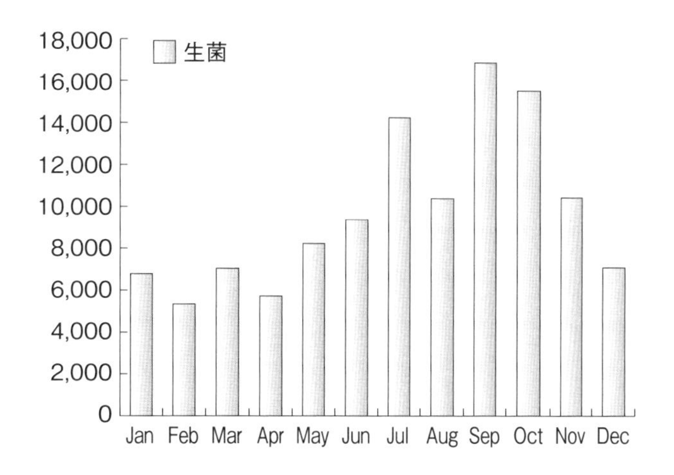

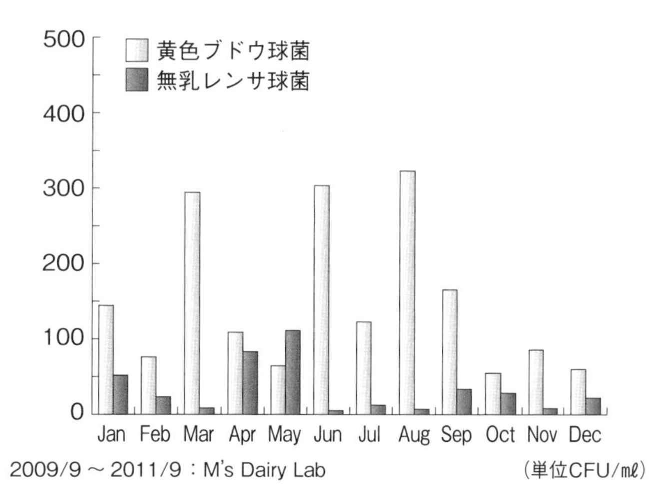

2009/9～2011/9：M's Dairy Lab　（単位CFU/mℓ）

やディッピングなど、搾乳衛生に、より注意する必要があります。

黄色ブドウ球菌数は、生菌数と同様に高温多湿の６月と８月に増加していますが、３月にも特徴的な増加が認められます。その理由は、冬期における乳頭皮膚のひび割れや凍傷などによる損傷が大きな原因になっていると考えられます。黄色ブドウ球菌は、乳頭や乳頭先端の皮膚表面の損傷があると、そこで容易に増殖してコロニーを形成する特徴があります。３月の黄色ブドウ球菌数の増加は、冬期の乳頭皮膚の損傷部分に感染、増殖し、その後、乳房内に侵入して乳房炎を発症させ、乳汁中に排菌が行なわれるようになったと考えられるわ

図3　バルク乳細菌検査における月別変動

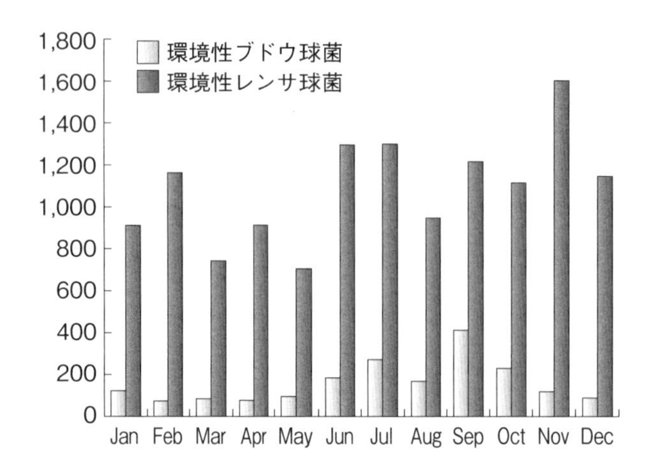

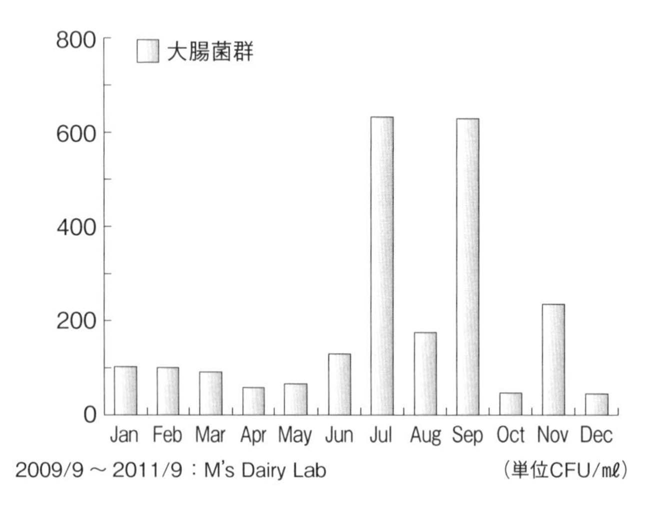

けです。したがって冬期は、保湿効果の高いポストディッピング剤を使用し、搾乳直後には乳頭が寒気にさらされないように牛舎環境を整えることで、乳頭皮膚の損傷を予防することで黄色ブドウ球菌感染を予防することができます。

図３の環境性ブドウ球菌数は、夏期にやや増加の傾向が見られますが、環境性レンサ球菌数は、年間を通してバラツキが多く、特徴的な変化は認められていません。それに比べ、大腸菌群数は、夏期の７月と９月に特徴的に増加していることが認められます。この結果から、大腸菌群は高温多湿の環境を好んで増殖するので、夏期に乳房炎発症のリスクが高まることを示しています。実

際、多くの農場で夏期に大腸菌やクレブシェラの乳房炎が増加し、乳生産に大きな損失を与えています。このような損失に遭わないために、BTMモニタリングで大腸菌群の変動を見ながら、増加傾向にあるようなら、乳頭の清拭だけでなく牛床マネジメントを徹底し、クリーン＆ドライな牛床を保つ必要があります。とくに敷料マネジメントは重要で、肉眼的には乾燥していて糞尿などで汚染されていないように見える敷料でも、クレブシェラなどが非常に多く増殖している場合もあるので頻繁に交換すべきです。また、大腸菌群による乳房炎の発生が多い場合は、敷料の細菌検査をすることも重要なマネジメントの一つです。

以上のように、乳房炎原因菌によって変動時期が異なっているわけですが、個々の農場では、また違った変動をする可能性があります。それを知るためには、継続的なBTMモニタリングが必要なのです。

農場のBTMモニタリング・データ

表３は、毎月１回のBTMモニタリングを行なった農場の約１年間のデータです。月ごとの細菌数にかなりバラツキが認められ、とくに生菌数の変動が大きく、7～10月の高温多湿の時期に生菌数の増加が認められるので、搾乳衛生に問題があることが考えられます。

環境性の乳房炎原因菌は、１年を通してそれなりにコントロールされていると思われますが、それでも暑い時期には増加の傾向があるので、やはり搾乳衛生を再度見直す必要があることが示唆されます。

この農場の問題点は黄色ブドウ球菌で、7～10月に連続して検出されており、その後、数カ月間は検出されていませんが、4月には再び検出されているので、黄色ブドウ球菌感染牛群と考えられます。黄色ブドウ球菌性乳房炎は、黄色ブドウ球菌の乳汁への排菌量が少なく、ときにはBTMモニタリングで検出されない場合もあり、この農場のモニタリング結果は、黄色ブドウ球菌感染牛群の特徴を示していると思われます。

もし、この農場がBTMモニタリングを年２回、３回あるいは４回しか行なわなかったら、黄色ブドウ球菌は検出されないか、また１回は検出されたとし

表3 バルクタンク乳モニタリングデータ

検査年月日	1 耐熱性菌	2 生菌	3-1黄色ブドウ球菌	3-2無乳性レンサ球菌	4-1環境性ブドウ球菌	環境性レンサ球菌 4-2 総菌数	a *E-Strep*	bその他	5 大腸菌群
2013/2/18	0	1400	0	0	50	170	170	0	40
3/18	0	300	0	0	0	50	50	0	0
4/15	20	500	0	0	20	40	40	0	0
5/20	20	4000	0	0	40	140	120	20	20
6/17	30	3800	0	0	80	270	270	0	20
7/16	120	9300	180	0	600	680	430	250	0
8/19	240	9000	230	0	480	240	160	80	20
9/19	180	11000	80	0	300	1970	1720	250	900
10/15	60	39500	570	0	2200	5630	5580	50	20
11/19	10	1100	0	0	100	120	120	0	0
12/16	0	700	0	0	50	110	100	10	10
2014/1/22	20	3500	0	0	0	40	40	0	0
2/27	0	1200	0	0	20	60	60	0	10
3/17	0	700	0	0	0	40	40	0	0
4/14	0	1100	20	0	60	20	20	0	0

（単位CFU/mℓ）

ても次は検出される可能性は低くなり、農場主は黄色ブドウ球菌の感染リスクは非常に少ないと判断してしまう可能性が高くなってしまいます。それでは、せっかくBTMモニタリングを実施しながら問題点を把握できないだけでなく、黄色ブドウ球菌による潜在性乳房炎を増加させる結果となり、大きな損失につながってしまいます。

＊

このように、気候の変化により細菌数は大きく変動し、乳頭衛生のバラツキにより細菌数は増加します。それに加え、黄色ブドウ球菌感染牛群であっても検出されない場合もあるので、BTMモニタリングは継続して行なうことが重要であり、それが農場での乳房炎コントロールの重要な情報となることを理解する必要があります。

4

バルクタンク乳モニタリング結果の読み方

The News Letter from M's Dairy Lab

バルクタンク乳（BTM）モニタリングには、乳房炎をコントロールするための重要な情報が多く含まれています。しかしながら、その情報が農場で上手く利用されていないケースが見受けられます。そこでBTMモニタリング結果の読み方について、例をあげながら話をしたいと思います。

黄色ブドウ球菌が問題なケース

表4は、黄色ブドウ球菌が多く検出されていますが、生菌数および環境性細菌数は、ほぼ目標範囲内に収まっています。このようなケースでは、乳頭の

表4 黄色ブドウ球菌が問題なケース

項目	結果 個／ml	判定基準 目標	やや多い	多い	非常に多い	異常に多い
1 耐熱性菌（搾乳洗浄システムの指標）	30	～50	～100	～300	～500	＞500
2 生菌（搾乳衛生の指標）	2100	～2000	～4000	～8000	～30000	＞30000
3 伝染性細菌（体細胞数に関わる乳房炎菌）						
黄色ブドウ球菌	140	0	～100	～200	＞200	
無乳レンサ球菌	0	0	～100	～300	＞300	
4 環境性細菌（搾乳衛生不良からくる乳房炎菌）						
環境性ブドウ球菌	100	～100	～200	～400	＞400	
環境性レンサ球菌総数	540	～400	～800	～2000	＞2000	
a）エスクリン陽性レンサ球菌（E-Strep）	480	＜400	S.ウベリスとエンテロコッカス属が検出されました			
b）その他のレンサ球菌	60					
5 大腸菌群（糞便汚染由来による乳房炎菌）	10	～10	～100	～300	＞300	
6 その他の環境性細菌	1310					

エムズ・デーリィ・ラボのバルクタンク乳検査データより

清拭を含め搾乳衛生はしっかりと取り組んでいるのですが、黄色ブドウ球菌性乳房炎を根絶できず、さらに体細胞数が不安定で悩んでいる農場が多いようです。

BTMモニタリングで、黄色ブドウ球菌は検出されるべき菌ではないとされていますから、たとえ菌数が10CFU（コロニー単位）／mℓであったとしても、牛群中に黄色ブドウ球菌感染牛が存在する可能性はあるわけです。ただし、BTMモニタリングを実施していく過程で注意しなければならない点は、初めて黄色ブドウ球菌が検出された場合です。その時点で牛群の個体乳検査などを実施するのではなく、BTMモニタリングを再度行なうことです。米国ペンシルベニア州立大学の研究者らは、4週続けてBTMモニタリングを実施し、黄色ブドウ球菌が3回検出された場合は、感染牛が存在することが示唆されると述べています。

BTMモニタリングで、連続して黄色ブドウ球菌が検出されるようなら感染牛が存在する可能性がありますので、個体乳検査を実施し、感染牛を特定する段階へ進むべきだと考えます。個体乳検査の場合は、できれば全頭一度に実施すべきです。「体細胞数の高い順に」などと選択して検査すると、意外に体細胞数が低くても黄色ブドウ球菌に感染している乳牛がいる場合があるので、結果的に全頭検査を行なうこととなるからです。黄色ブドウ球菌は時間が経つほど感染牛が増える可能性があるので、早期に検査を実施する必要があり、その意味でも全頭検査は重要な意味を持っています。

感染牛を特定したら、まず隔離し、最後搾乳にして感染拡大防止の処置をとります。その後、個々の乳牛に対しては、泌乳期で治療するか、乾乳後治療するか、盲乳あるいは淘汰するかなどの処置を順次実施していく必要があります。

黄色ブドウ球菌感染牛群において、もう一つ重要なモニタリングが、「初乳モニタリング」です。この場合は、経産牛のみならず初産牛にも実施する必要があります。新たに搾乳牛群に入ってくる乳牛の中から感染牛を分娩時に発見し、早期治療することにより、感染の拡大を予防することが黄色ブドウ球菌性乳房炎対策には重要なのです。

環境性レンサ球菌数が問題なケース

表５は、環境性レンサ球菌数のみが非常に高いケースです。乳頭の清拭や搾乳手順に問題があり、乳頭衛生が不十分な場合は、同じ環境性乳房炎菌である大腸菌群も同時に多く検出されると思われます。しかし**表５**では環境性レンサ球菌のみが多く、この場合に考えられることは、環境性レンサ球菌の潜在性乳房炎が存在している可能性が高いということです。その理由は、環境性レンサ球菌性乳房炎は乳中への排菌数が非常に多いために、BTM中の菌数も増加してしまうと考えられるからです。このような牛群は、黄色ブドウ球菌が検出されないにもかかわらず、BTMの体細胞数が不安定で、しばしば30万個／mℓを超えてしまうような場合が見られますので、BTMモニタリング結果と体細胞数の変動の両方を比較検討する必要があります。

BTMモニタリングで、環境性レンサ球菌数が多く、継続する場合は、個体牛の体細胞数を検査し、高い乳牛の乳房炎原因菌モニタリングを実施して感染牛を特定し、速やかに治療をする必要があると考えられます。とくにエスクリン陽性レンサ球菌（ストレプトコッカス・ウベリスやエンテロコッカス属などの菌が含まれる）は、通常の３日間の抗生物質乳房内注入では治癒率が非常に

表5　環境性レンサ球菌が問題なケース

項目	結果 個／ml	判定基準 正常	やや多い	多い	非常に多い	異常に多い
1 耐熱性菌（搾乳洗浄システムの指標）	40	～50	～100	～300	～500	＞500
2 生菌（搾乳衛生の指標）	8700	～2000	～4000	～8000	～30000	＞30000
3 伝染性細菌（体細胞数に関わる乳房炎菌）						
黄色ブドウ球菌	0	0	～100	～200	＞200	
無乳レンサ球菌	0	0	～100	～300	＞300	
4 環境性細菌（搾乳衛生不良からくる乳房炎菌）						
環境性ブドウ球菌	70	～100	～200	～400	＞400	
環境性レンサ球菌総数	2800	～400	～800	～2000	＞2000	
a）エスクリン陽性レンサ球菌（E-Strep）	2400	＜400	S.ウベリスとエンテロコッカス属が検出されました			
b）その他のレンサ球菌	400					
5 大腸菌群（糞便汚染由来による乳房炎菌）	10	～10	～100	～300	＞300	
6 その他の環境性細菌	5820					

エムズ・デーリィ・ラボのバルクタンク乳検査データより

低く、8日間以上の継続治療が必要であるとの報告もあるので、症状の経過観察が重要になってくると思われます。

また、乾乳期用の抗生物質の乳房内注入による乾乳期治療を徹底することも、レンサ球菌性乳房炎を予防するためには重要です。

大腸菌群が問題なケース

表6は、大腸菌群数が非常に多いケースです。この場合にまず考えられることは、乳頭の清拭や搾乳手順に問題があり、乳頭衛生が不十分であるということです。その理由は、大腸菌群は乳頭皮膚では長時間生存するので、搾乳直前の乳頭汚染が拭き取れずに乳中へ混入しているからです。しかしながら、ほとんどの農場はプレディッピングを行なってから、しっかりと乳頭の清拭を行なっているはずです。それなのにBTM中の大腸菌群が多い場合は、乳頭の汚染源と考えられる牛床衛生に注目すべきです。牛床マネジメントが悪く、牛床が常に糞尿で汚れているなら、そこに寝起きする乳牛の乳房は糞尿で汚染されるのは当然です。BTMモニタリングで大腸菌数が多い場合は、まず牛床に敷料を十分に敷き、クリーン&ドライ状態にし、乳房が汚染されないようにすることから始めてください。

表6 大腸菌群が問題なケース

項目	結果 個/ml	判定基準 目標	やや多い	多い	非常に多い	異常に多い
1 耐熱性菌（搾乳洗浄システムの指標）	50	～50	～100	～300	～500	>500
2 生菌（搾乳衛生の指標）	8800	～2000	～4000	～8000	～30000	>30000
3 伝染性細菌（体細胞数に関わる乳房炎菌）						
黄色ブドウ球菌	0	0	～100	～200	>200	
無乳レンサ球菌	0	0	～100	～300	>300	
4 環境性細菌（搾乳衛生不良からくる乳房炎菌）						
環境性ブドウ球菌	100	～100	～200	～400	>400	
環境性レンサ球菌総数	620	～400	～800	～2000	>2000	
a）エスクリン陽性レンサ球菌（E-Strep）	510	<400	S.ウベリスとエンテロコッカス属が検出されました			
b）その他のレンサ球菌	110					
5 大腸菌群（糞便汚染由来による乳房炎菌）	1460	～10 クレブシエラが検出されました	～100	～300	>300	
6 その他の環境性細菌	6620					

エムズ・デーリィ・ラボのバルクタンク乳検査データより

敷料ですが、多くの場合がオガクズや戻し堆肥などの有機物なので、細菌にとっては非常に増殖しやすい環境でもあります。したがって、敷料が変わった直後に大腸菌群数が増加した場合は、敷料に問題があると考える必要もあります。その場合は、「敷料モニタリング」を行ない、敷料の細菌数をチェックすることが重要です。例えば、オガクズ1g中のクレブシェラ数が10^4以上になっているような場合は、クレブシェラ乳房炎が発生する危険性が非常に高まります。敷料中の細菌数が高い場合には、石灰を増量するなどして、敷料の消毒を徹底する必要があると考えられます。

*

このようにBTMモニタリングは、現時点での農場での乳房炎問題を把握することができるとともに、牛床マネジメント状況も把握することができます。それゆえに、BTMモニタリングは乳房炎コントロールのためのファースト・ステップだと言われるのであり、BTMモニタリング・データが教えてくれていることをしっかり見極めて、農場での乳房炎コントロールに役立てていく必要があります。

バルクタンク乳モニタリングで見る黄色ブドウ球菌感染農場

BTMモニタリングの目的は、乳房炎の発生を予防し、乳質を良くすることです。そして、BTMの体細胞数は乳質、とくに潜在性乳房炎の指標として用いられており、その潜在性乳房炎の代表が黄色ブドウ球菌です。そこで、BTMモニタリング結果の活用について、BTM中の黄色ブドウ球菌数と体細胞数データに焦点を当てて考えてみたいと思います。

黄色ブドウ球菌は体細胞数を増加させる潜在性乳房炎原因菌であることを、ほとんどの酪農家が認知していると思いますが、そのわりに黄色ブドウ球菌感染をコントロールしている農場は少ないようです。エムズ・デーリィ・ラボに組合単位で送られてくる際、黄色ブドウ球菌に感染している割合が50％を超えている場合が多く見られることからも、このことは推察されます。

表7は、A組合・58農場の平成25年1～7月における7カ月間のBTMモ

表7 A組合（58農場）の黄色ブドウ球菌検出農場数

H25年1～7月

	0回	1回	2回	3回	4回	5回	6回	7回
農場数	9	6	2	4	2	4	6	18

・一度も検出されなかった農場の割合：16%
・すべての検査で検出された農場の割合：31%
・感染の可能性がある農場の割合：69%（2～7回）
・約7割の農場が黄色ブドウ球菌に汚染されている可能性がある

ニタリングにおいて、黄色ブドウ球菌が検出された農場数とその割合を示しています。黄色ブドウ球菌が一度も検出されなかった農場は9件のみで、黄色ブドウ球菌に感染した潜在性乳房炎牛がいる可能性のある農場が70％もあることが認められます。これは多くの農場が、体細胞数が不安定で悩んでいることを示していると思われます。

そこで、この組合の個々の農場のBTMモニタリング・データをもとに、黄色ブドウ球菌数と体細胞数の関係から乳房炎コントロールについて考えてみます。

黄色ブドウ球菌が一度も検出されなかったケース―その１

表８は、７カ月間のBTMモニタリングで、一度も黄色ブドウ球菌が検出されなかった農場のデータです。この農場は黄色ブドウ球菌感染をコントロールしており、黄色ブドウ球菌感染牛は“ほぼいない”牛群と考えてよいと思われます（“完全にいない”とは言えないのが黄色ブドウ球菌の恐ろしいところです）。その結果として、体細胞数検査はほとんどが10万個／mℓ以下で、非常に低い状態が続いています。

さらに環境性のブドウ球菌数、レンサ球菌数、大腸菌群数もバラツキはあるものの多くはないので、レンサ球菌などによる潜在性乳房炎も少ないと思われ、それが体細胞数を低く維持できている、もう一つの原因と考えられます。したがって、この農場は、乳頭の清拭を含めた搾乳衛生の基本もしっかりとなされていると考えられます。

表8　黄色ブドウ球菌が一度も検出されなかったケース―その1

検査年月日	1 耐熱性菌	2 生菌	3-1黄色ブドウ球菌	3-2無乳性レンサ球菌	4-1環境性ブドウ球菌	環境性レンサ球菌			5 大腸菌群
						4-2総菌数	a *E-Strep*	bその他	
2013/1/30	0	7800	0	0	0	3120	3120	0	0
2/28	0	1200	0	0	0	280	280	0	20
3/27	0	3400	0	0	0	120	120	0	100
4/24	0	800	0	0	20	20	20	0	0
5/30	100	1500	0	0	0	120	120	0	0
7/ 1	0	3100	0	0	60	880	880	0	60
7/31	20	5100	0	0	20	160	160	0	280

環境性ブドウ球菌数、レンサ球菌数、大腸菌群数も多くはない　（単位：CFU/mℓ）

体細胞数の推移：体細胞数は低い　（単位：万個/mℓ）

	1月	2月	3月	4月	5月	6月	7月	平均
上旬	4	6	12	5	4	4	4	5.6
中旬	5	16	4	5	5	12	3	7.1
下旬	5	13	4	4	4	27	5	8.9

黄色ブドウ球菌が一度も検出されなかったケース―その2

表9は、上記のケースと同様に、一度も黄色ブドウ球菌が検出されなかった農場のデータです。しかしながら、黄色ブドウ球菌感染牛がいない可能性が高いにもかかわらず、この農場の体細胞数は非常に高く、7カ月間の平均が29万個／mℓです。その原因は、環境性レンサ球菌数と大腸菌群数が多いことが考えられます。とくに環境性レンサ球菌のなかには抗生物質の効きにくい難治性乳房炎、そして潜在性乳房炎の原因になる菌がいます。環境性レンサ球菌の潜在性乳房炎では乳中に多くの菌を排出しますので、BTMモニタリングでは環境性レンサ球菌数が非常に高くなることが多く見られます。

このようなケースでは、まず体細胞数の高い乳牛の乳房炎原因菌を特定し、それに基づいた治療を実施することです。また大腸菌群数も高いことから、牛床環境にも問題があると思われますので、除糞や敷料についても見直しを行なうなど、牛床マネジメントを徹底する必要があります。それを実施しないかぎり、細菌感染のプレッシャーが常に高く、乳房炎発症や高体細胞数に悩み続けることになると思われます。

表9 黄色ブドウ球菌が一度も検出されなかったケース─その2

検査年月日	1 耐熱性菌	2 生菌	3-1黄色ブドウ球菌	3-2無乳性レンサ球菌	4-1環境性ブドウ球菌	環境性レンサ球菌 4-2 総菌数	a *E-Strep*	bその他	5 大腸菌群
2013/1/30	100	5400	0	0	140	1080	1080	0	370
2/28	20	3000	0	0	60	720	720	0	100
3/27	100	16100	0	0	20	4080	4080	0	10000
4/24	20	12100	0	0	40	8810	8810	0	3200
5/30	1200	16300	0	0	260	4450	4450	0	4170
7/ 1	4100	18800	0	0	20	8400	8400	0	8850
7/31	1400	56300	0	0	3240	0	61300	0	3880

環境性レンサ球菌数と大腸菌群数が多い　(単位：CFU/mℓ)

体細胞数の推移：体細胞数は高い　(単位：万個/mℓ)

	1月	2月	3月	4月	5月	6月	7月	平均
上旬	33	47	20	34	26	41	31	33.1
中旬	33	32	22	29	29	31	23	28.4
下旬	22	26	18	18	29	38	29	25.7

黄色ブドウ球菌がすべての検査で検出されたケース

表10は、7カ月間のBTMモニタリングで、毎回、黄色ブドウ球菌が検出された農場のデータです。この牛群は、完全に黄色ブドウ球菌に汚染されており、潜在性乳房炎牛が多く存在することが容易に想像できます。それは毎月の体細胞数のデータを見てもわかります。7カ月間の体細胞数の平均が約30万個／mℓであり、30万個／mℓを超えているデータも多く見られることから、体細胞数が不安定で悩んでいる農場であると思われます。さらに環境性レンサ球菌数や大腸菌群数も高いので、搾乳衛生や牛床環境に問題があることが考えられます。このようなケースでは、搾乳衛生を改善すると同時に、黄色ブドウ球菌感染牛を特定して隔離し、最後搾乳を実施することにより、感染の拡大を防ぐことが重要になります。これを実施しないかぎり、いつまでも黄色ブドウ球菌感染に悩まされ続けることになります。

実は、このように黄色ブドウ球菌感染で悩んでいる農場は意外と多いのではないかと、エムズ・デーリィ・ラボの検査データから想像しています。

＊

表10　黄色ブドウ球菌がすべての検査で検出された農場

検査年月日	1 耐熱性菌	2 生菌	3-1黄色ブドウ球菌	3-2無乳性レンサ球菌	4-1環境性ブドウ球菌	環境性レンサ球菌 4-2 総菌数	a *E-Strep*	bその他	5 大腸菌群
2013/1/30	140	8900	480	0	140	1280	1200	80	10
2/28	380	8000	400	0	60	1880	1780	100	140
3/27	260	44000	840	0	280	6800	6800	0	3160
4/24	100	11300	220	0	20	1300	1260	40	1160
5/30	80	4600	600	0	40	600	480	120	260
7/ 1	80	39000	5520	0	60	8200	8200	0	9910
7/31	0	11000	580	0	60	2280	2240	40	400

環境性レンサ球菌数と大腸菌群数が高い　（単位：CFU/mℓ）

体細胞数の推移：体細胞数は高い　（単位：万個/mℓ）

	1月	2月	3月	4月	5月	6月	7月	平均
上旬	27	49	25	39	19	27	24	30.0
中旬	24	25	37	42	18	17	34	28.1
下旬	27	31	29	30	20	46	36	31.3

BTMモニタリング・データは内容が多いために、「どのように解釈して、乳房炎コントロールに役立たせたらよいかわからない」と言われることがあります。確かにBTMモニタリング・データだけを見ていてはわからない場合があるかもしれませんが、その農場の体細胞数データを組み合わせることで、問題点が見えてくることがあります。組み合わせや考え方はいろいろあると思われますが、ここで示した3ケースを参考に、各農場でBTMモニタリング・データを読み、どのケースに当たるか考えて、乳房炎コントロールに役立ててください。

5

バルクタンク乳モニタリングから見る黄色ブドウ球菌感染農場

Letter from M's Dairy Lab

バルクタンク乳モニタリング・データから見る黄色ブドウ球菌検出率

現在では、ほとんどの酪農家は、「黄色ブドウ球菌」の名前を知っており、そして、この菌が治りにくい慢性あるいは潜在性乳房炎の原因菌であり、バルクタンク乳(BTM)の体細胞数を増加させる原因であることも理解しています。しかしながら黄色ブドウ球菌をコントロールできずに、乳房炎で悩んでいる農場が、いまだに多いのが現状です。

表11は、エムズ・デーリィ・ラボで行なった最新のBTM細菌検査結果のなかから、無作為に酪農組合別に抽出し、黄色ブドウ球菌の検出率を示したものです。検出率が少ない組合でも30%、多い組合では約70%の農場から黄色ブドウ球菌が検出されています。しかも検出率50%を超える組合が6組合と半数を超えています。これらのことから、非常に多くの農場が黄色ブドウ球菌性乳房炎で悩んでいることがうかがえます。

黄色ブドウ球菌は伝染性乳房炎原因菌であり、搾乳中にほかの乳房に感染するとされています。そしてBTMモニタリングでの目標値はゼロであり、

表11 酪農組合におけるBTMモニタリングにおける黄色ブドウ球菌検出率

酪農組合	A	B	C	D	E	F	G	H	I	J
黄色ブドウ球菌検出率（%）	30	39	43	47	51	53	56	56	59	69

BTM中からは検出されてはならない菌です。それにもかかわらず50％以上の農場で黄色ブドウ球菌が検出されているということは、現場では黄色ブドウ球菌性乳房炎がまだまだ重要な問題であること、そしてコントロールについて、もっと真剣に取り組まなければならないことを示唆しています。

図4　黄色ブドウ球菌検出農場の体細胞数

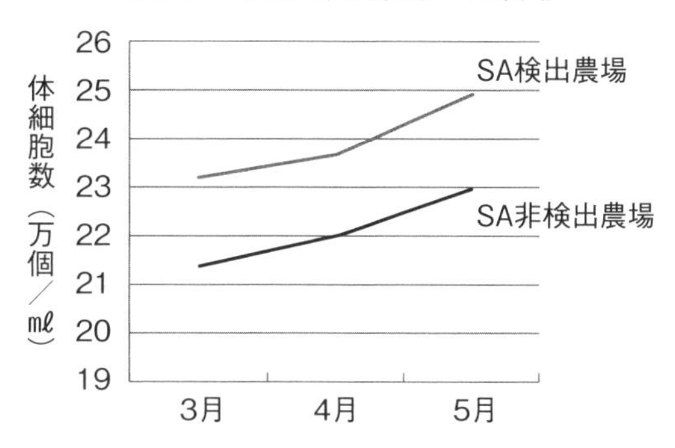

黄色ブドウ球菌数と体細胞数

図4は、BTMモニタリングを初めて実施したM酪農組合における過去3回の乳質検査時の体細胞数を示したものです。計20農場のうち黄色ブドウ球菌が検出された12農場の平均の体細胞数の推移は30万個／mℓを超えてはいませんが、黄色ブドウ球菌が検出されなかった農場よりも高く推移しています。このようにBTMモニタリング1回のみの結果でも、体細胞数などほかの乳質データと合わせて検討してみると違いが認められ、それが乳房炎コントロールにおける最初の指標となる場合があります。

表11のD酪農組合（38農場）での2010年10月～2011年6月までの9カ月間のBTMモニタリング・データにおいて黄色ブドウ球菌の検出を見てみると、

・一度も検出されなかった農場数：8件（21％）
・すべての検査で検出された農場数：10件（26％）
・一度でも検出された農場数：20件（53％）

でした。

図5は、同じD酪農組合のY農場の体細胞数の変化を示したものです。Y農場は9カ月間のBTMモニタリングにおいて一度も黄色ブドウ球菌が検出

図5　Y農場BTM中の黄色ブドウ球菌数と体細胞数

（D酪農組合）

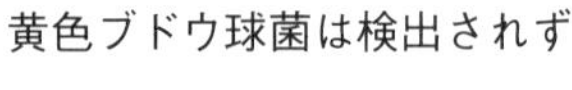

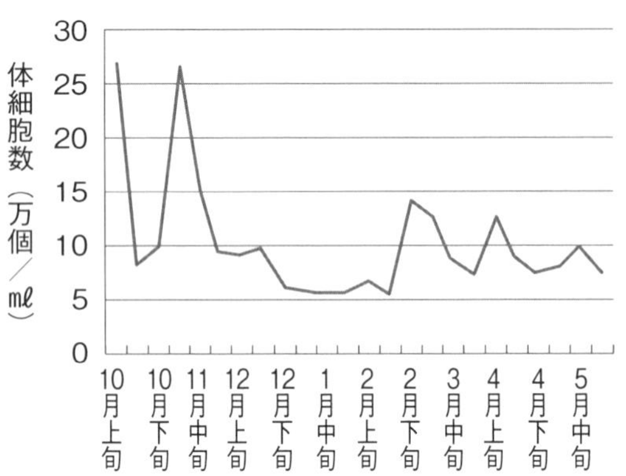

図6　T農場のBTM中の黄色ブドウ球菌数と体細胞数

（D酪農組合）

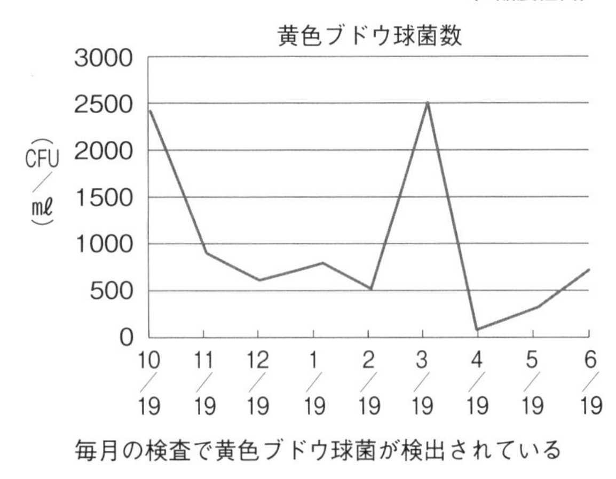

毎月の検査で黄色ブドウ球菌が検出されている

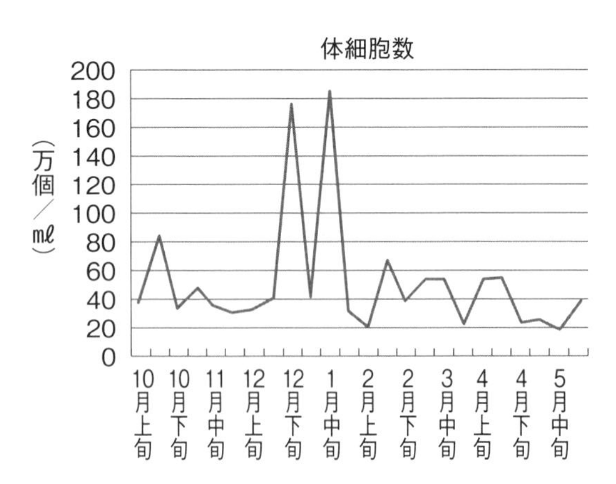

されず、体細胞数は20万個／mℓを超えて、やや高い時期もありましたが30万個／mℓを超えることはありませんでした。先にも書きましたが、黄色ブドウ球菌がしっかりコントロールされていると、体細胞数も安定しており、潜在性乳房炎に罹患している乳牛が非常に少ないことが予想されます。

それに比べ図6は、同じD酪農組合のT農場の9カ月間の黄色ブドウ球菌検出を示したものですが、毎月検出されています。そして体細胞数は、ほとんどの月で30万個／mℓを超えています。30万個／mℓ以上になれば、当然、乳価に対してペナルティが発生します。これは農場にとって非常に大きな損失です。なぜなら搾乳という労働をしながらペナルティを支払っているのですから、二重の損失になるわけです。さらに黄色ブドウ球菌は伝染性乳房炎原因菌ですから、対応が遅れるほど感染率が高くなり、潜在性乳房炎牛が常に多く存在している可能性が高いと思われます。その結果として、体細胞数が高い状態が続いてしまっているわけです。

体細胞数が30万個／mℓ以下であっても、20万個／mℓ以上になると、乳量として約8%の損失があるとの報告もあります。したがって潜在性乳房炎は、抗生物質治療を行なわずに出荷できたとしても、非常に大きな乳量損失をしていることとなります。

表11における組合別の黄色ブドウ球菌検出率の多さから見ても、T農場のように黄色ブドウ球菌と体細胞数で悩んでいる農場が、まだまだ多いと考えられます。T農場のような場合は、黄色ブドウ球菌感染牛を見つけるために、速やかに全頭の黄色ブドウ球菌スクリーニング検査を行なうべきです。それとともに初乳モニタリングを実施して、新規感染牛の特定を継続して行なうことが、黄色ブドウ球菌コントロールの第一歩だと考えられます。

＊

BTMモニタリング・データには、多くの情報が含まれています。ともすると、多くの情報に目移りして、結果的に何もできないままになっている農場を多く見ます。一方で、ほとんどの酪農家は、黄色ブドウ球菌が潜在性乳房炎を発症させ、体細胞数を高める原因になっていることを知っています。BTMモニタリングを行なっている農場で、黄色ブドウ球菌が検出されているなら、一番身近なデータである体細胞数と組み合わることで、乳房炎コントロールの最初の方針を立てることの一助になると思われます。

1

黄色ブドウ球菌性乳房炎の根絶プログラム

The News Letter from M's Dairy Lab

黄色ブドウ球菌は伝染性乳房炎菌である

黄色ブドウ球菌は伝染性乳房炎菌の代表であると言われています。伝染性乳房炎とは通常、乳房炎原因菌が感染乳房内に存在しており、搾乳時にライナーや搾乳者の手を介して、ほかの乳牛の乳房内に菌が侵入して感染し発症する乳房炎のことです。ほかの伝染性乳房炎菌としては、無乳性レンサ球菌、マイコプラズマなどがあります。

伝染性乳房炎は、感染牛の淘汰や感染分房の盲乳処置により、感染分房がなくなれば搾乳時に感染する可能性がなくなるため、ほぼ完全に根絶することができる乳房炎です。

伝染性乳房炎菌の特徴

伝染性乳房炎菌の多くは宿主適応性が高いため乳房内で長く、しかもひっそりと生息し続けることができます。その結果、感染期間が長く、慢性あるいは潜在性乳房炎を発症させることになるわけです。

乳牛の状態により周期的に、軽度から中程度の臨床症状のある乳房炎を発症します。このようなときに抗生物質を乳房内注入してもしなくても、臨床症状は消失して一見治癒したように見えますが、潜在性なので乳房炎は治癒したわけではありません。

黄色ブドウ球菌の特徴

黄色ブドウ球菌は、免疫機能が働きにくい細胞と細胞の間の組織に定着し、バイオフィルムを持つコロニーを作ることができます。さらには図７で示したように、白血球に発見されず食菌作用や細胞内殺菌を回避できるような免疫機能を撹乱させるスーパー抗原や酵素群を持っているため乳房内で生息していけると考えられます。

さらに、黄色ブドウ球菌性乳房炎がなぜ潜在で難治性かという理由としては、黄色ブドウ球菌の乳房内での感染部位に関係していると思われます。図８で示したように、黄色ブドウ球菌は乳房深部組織の乳腺細胞まで浸潤していき感染します。そのために抗生物質を乳房内注入しても深部組織の感染部位まで届きにくく、治癒せず潜在性乳房炎になってしまうわけです。

図7　黄色ブドウ球菌の病原因子

○病原因子
1. プロテインA：IGg と結合して免疫による排除を回避
2. フィブロネクチン結合因子：組織に定着
3. タイコ酸：組織に定着

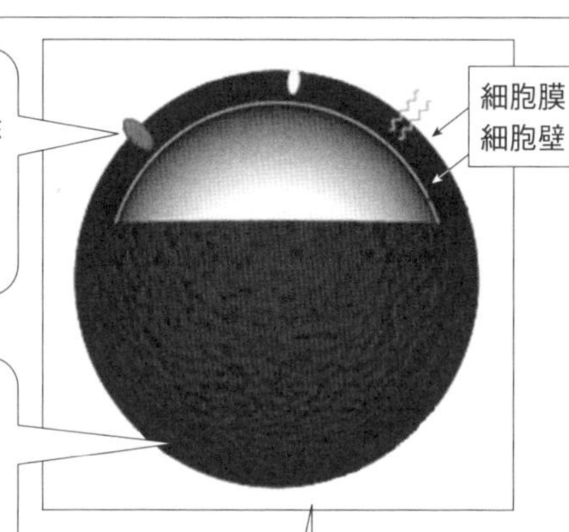

○外毒素群
1. スーパー抗原：免疫系をかく乱
エンテロトキシン、TSST-1、表皮剥脱毒素
2. 溶血毒素：免疫細胞や組織を破壊
溶血素（α毒素など）、ロイコシジン

○酵素群
1. コアグラーゼ、クランピング因子：フィブリン凝集させ免疫による排除を回避
2. スタフィロキナーズ：フィブリン凝集塊を分解し周辺組織に浸潤
3. プロテアーゼ、リパーゼ、DNase：周辺組織を分解し感染の拡大

（出典：ja.wikipedia.org/wiki/ 黄色ブドウ球菌、作成：NOSAI 埼玉・三浦）

図8　乳房炎原因菌の感染部位

○細菌は乳房内の異なった部位に感染する
○黄色ブドウ球菌＆レンサ球菌
　・乳房深部組織の乳腺細胞にまで浸潤
　・抗生物質の治療が困難

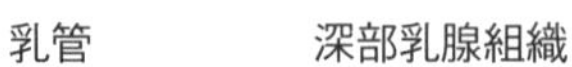

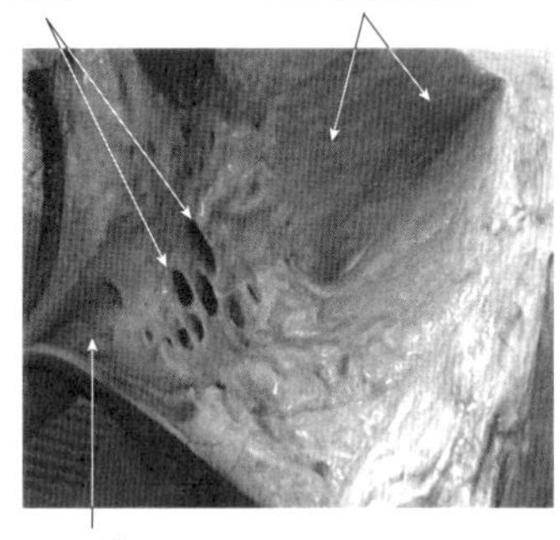

（Ruegg、ゼノアック酪農セミナー 2011 より抜粋）

未経産牛の黄色ブドウ球菌性乳房炎

米国ルイジアナ州の研究者の報告によると、4軒の育成農場の未経産牛の乳房炎を調査したところ、14.7％の分房から黄色ブドウ球菌が検出され、そのうちの25％の分房は臨床症状を呈していたと述べています。そして、未経産牛において乳頭が黄色ブドウ球菌に汚染されている場合は、汚染されていない未経産牛に比べ、分娩時の乳房内感染の危険性が3.34倍に上昇したとの報告もあります。

黄色ブドウ球菌は皮膚常在菌ですが、乳頭への汚染は、出荷されなかった高体細胞数乳を飲んだ子牛達の乳頭の吸い合いや、ハエが乳頭に集まることなどによって、子牛のときにすでに起こっています。乳頭に付着した黄色ブドウ球菌は、乳頭口付近あるいは乳頭内で生息し続け、初産分娩時に乳房炎を発症すると考えられています。したがって黄色ブドウ球菌感染牛群では、初産牛も黄色ブドウ球菌性乳房炎に感染している可能性があると考えて対応していく必要があります。

黄色ブドウ球菌性乳房炎の根絶プログラム（Zero Tolerance Program）

・BTMモニタリング

継続して行なうことにより、黄色ブドウ球菌感染牛の有無を早期に確認することができます。

・初乳モニタリング

黄色ブドウ球菌感染の確認において重要なモニタリングです。この場合は経産牛のみならず、上記の未経産乳房炎のところでも述べたように初産牛にも実施する必要があります。すべての分娩牛で初乳モニタリングを行ない、分娩直後に感染分房を見つけることは伝染を防ぐとともに早期治療につながります。とくに初産牛は、分娩直後に治療することによる治癒率は非常に高いとされています。

・感染牛コントロール

感染牛は隔離し、最後搾乳を実施し、症状が好転しない場合は淘汰も重要な選択肢となります。乳房炎症状が消失し体細胞数が低くなったとしても、一度、黄色ブドウ球菌性乳房炎に感染した乳牛は、感染牛として最後搾乳を続ける注意が必要です。

・乳頭口の衛生

搾乳手袋を着用し、１頭１布による乳頭清拭を行ないます。

・効果的なポストディッピング

搾乳後の乳頭消毒と乳頭皮膚の保護のためのディッピング。とくに冬期における乳頭皮膚の損傷や凍傷を防止します。

・正常な乳頭口の維持

過搾乳の防止。搾乳システムのメンテナンスにより、乳頭先端の真空圧を安定させます。

・乾乳期治療

全分房に乾乳期用抗生物質軟膏を注入します。

＊

根絶プログラムは、従来の伝染性乳房炎予防の５ポイントプラン（1：搾乳後の乳頭消毒、2：全頭における乾乳期治療の実施、3：臨床型乳房炎の適切な治療、4：慢性乳房炎の淘汰、5：定期的な搾乳機器のメンテナンス）を発展させたものです。

黄色ブドウ球菌性乳房炎の治療

泌乳期間中の黄色ブドウ球菌性乳房炎治療における成功率は非常に低く、

30%未満であることが多いのですが、以下に示した項目に当てはまるようであれば治癒率はかなり高くなるので、治療を推奨してもよいと考えられています。抗生物質乳房注入による治療は、感染部位が乳房深部であることも考え、効果を持続させるために長期間、場合によっては8～10日間行なうことも推奨されています。

- **若い乳牛**：初産と2産
- **泌 乳 期**：泌乳初期
- **感染分房**：1分房である（1分房の治癒率は73%）
- **体細胞数**：低い（目安としては100万以下）
- **感染初期**：感染後約2カ月（乳検の結果で2回続けて高い場合）

以上の条件に当てはまらないときの治癒率は非常に低下すると考えられるので、盲乳や淘汰を選択するほうが賢明であると考えられます。

*

黄色ブドウ球菌性乳房炎は潜在性で難治性の乳房炎ですが、伝染性なので根絶することが可能な乳房炎でもあります。そのためには根絶プログラムを確実に実施して、予防と早期発見による早期治療を行なうことが、黄色ブドウ球菌性乳房炎コントロールのカギとなります。

2
乳房炎原因菌としてのレンサ球菌とバルクタンク乳モニタリング

レンサ球菌は現在、乳房炎原因菌のなかで最も厄介な原因菌であると考えられています。

レンサ球菌は大きく分けて、伝染性乳房炎菌である無乳性レンサ球菌と、環境性乳房炎菌である環境性レンサ球菌の二つに分けられます。

なぜ厄介な乳房炎原因菌と考えられているのかというと、レンサ球菌性乳房炎は難治性で潜在性乳房炎となりやすく、バルクタンク乳体細胞数（BTSCC）を増加させる原因になるからです。そこで、乳房炎原因菌としてのレンサ球菌の特徴と、どのようにモニタリングするかについて考えてみたいと思います。

無乳性レンサ球菌とは

無乳性レンサ球菌は、搾乳時に搾乳者の手や搾乳ユニットを介して感染が広がる伝染性乳房炎菌の一つです。同じ伝染性乳房炎菌である黄色ブドウ球菌は、乳房内以外の皮膚、鼻孔、外陰部などでも生息できるのですが、無乳性レンサ球菌は乳房が生息場所であり、通常、乳房以外の環境では長く存在できない細菌です。しかしながら無乳性レンサ球菌は伝染性が非常に強く、潜在性乳房炎の原因になり、体細胞数が100万個／mℓ以上になることが多く、結果としてBTSCCを増加させる原因となってしまいます。

このように、感染すると厄介な無乳性レンサ球菌ですが、現在では、黄色ブドウ球菌に比べ、それほど問題にされなくなっています。その理由は、無乳性レンサ球菌は幸いなことに、抗生物質に対する感受性が非常に高いので、通常の抗生物質乳房内治療でほとんど治癒してしまうからです。さらに、乾乳期に乾乳期用抗生物質注入がほとんどの乳牛に対して行なわれるようになったことが、無乳性レンサ球菌の感染率を非常に低くしていると考えられます。

とはいえ現在でも無乳性レンサ球菌は、黄色ブドウ球菌と同様に重要な伝染性乳房炎菌の一つと考えられています。その理由は、高い伝染性と体細胞数にあると考えられます。無乳性レンサ球菌感染を拡大させないためにも、まずバルクタンク乳（BTM）モニタリングを行なうことが重要です。それと同時に、先にも解説した伝染性乳房炎根絶プログラム（Zero Tolerance Program）を実施して予防することが必要です。

環境性レンサ球菌とは

環境性レンサ球菌とは、無乳性レンサ球菌以外の多くのレンサ球菌の総称です。環境性レンサ球菌のなかで、主なる乳房炎原因菌としては、*Streptococcus dysgalactia*（*S.* ディスガラクティア）、*Streptococcus uberis*（*S.* ウベリス）、*Enterococcus*（エンテロコッカス属）などです。このうち *S.* ウベリスとエンテロコッカス属は、血液寒天培地に添加された糖であるエスクリンを加水分解して培地を黒く発色させるので、エスクリン陽性レンサ球菌（*E-Strep*）とも呼ばれています。

環境性レンサ球菌は、牛体、敷料、牛舎など、乳牛のいる環境の至る所に存在しています。とくに *S.* ウベリスは、麦稈などの敷料に多く存在することが認められています。

そして環境性レンサ球菌は、大腸菌などと同じく環境性乳房炎原因菌として分類されています。しかし乳房炎を発症すると乳汁中に非常に多く菌を排出するので、搾乳ユニットなどが汚染され、その結果、伝染性乳房炎原因菌のように乳房炎を増加させてしまう可能性があります。米国ウィスコンシン大学の研究者らは、環境性レンサ球菌を、伝染性乳房炎原因菌と同じように考えて対応する必要があると述べています（図 9）。

環境性レンサ球菌とは、環境にいるレンサ球菌ということで、多くの種類が含まれるわけですが、原因菌によって、乳房炎が抗生物質治療で良くなる場合と、なかなか治らずに慢性化してしまう場合とがあります。*S.*ディスガラクティアによる乳房炎は、3日間の抗生物質乳房内注入で、ほぼ治癒するケースが多いとされています。それに対して *E-Strep* である *S.* ウベリスやエンテロコッカス属による乳房炎は、治療が非常に困難で、潜在性や慢性乳房炎の原因となってしまうと同時に、BTSCC を増加させる原因にもなってしまいます。

図9　伝染性乳房炎と環境性乳房炎の特徴

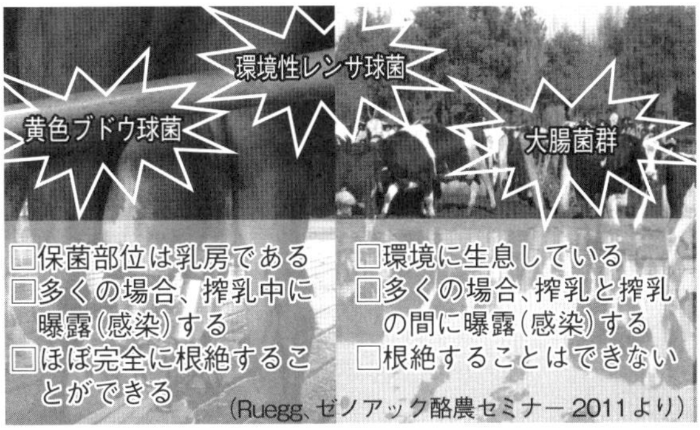

伝染性乳房炎
環境性乳房炎
黄色ブドウ球菌
環境性レンサ球菌
大腸菌群
□保菌部位は乳房である
□多くの場合、搾乳中に曝露（感染）する
□ほぼ完全に根絶することができる
□環境に生息している
□多くの場合、搾乳と搾乳の間に曝露（感染）する
□根絶することはできない
（Ruegg、ゼノアック酪農セミナー 2011より）

バルクタンク乳モニタリングとレンサ球菌

図10は、A農場の7カ月間のBTMモニタリングにおける環境性レンサ球菌総数の変化を示したもので、さらに**表12**は、その7カ月間の体細胞数の推移を示したものです。BTM中の環境性レンサ球菌数は、目標値の400CFU／mℓよりも非常に高く推移しています。体細胞数は、平均で30万個／mℓを超えませんでしたが、非常に不安定であることが認められます。この7カ月間においては、黄色ブドウ球菌と無乳性レンサ球菌の検出は認められませんでした。したがって、BTSCC が不安定な原因は、潜在性の環境性レンサ球菌性乳房炎にあるのではないか、ということが推測されます。前述のように、レンサ球菌性乳房炎では乳汁中に菌を多量に排

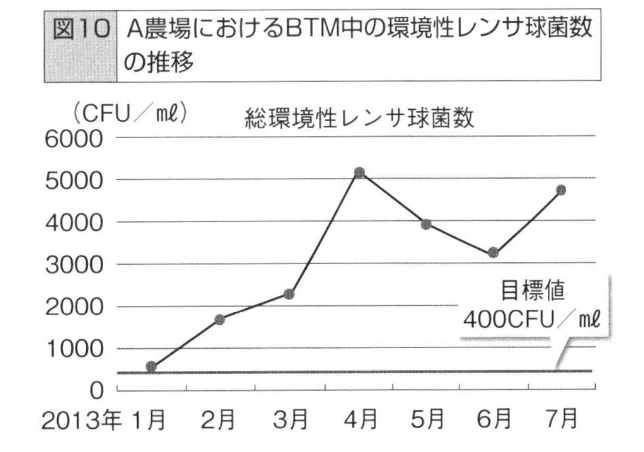

図10　A農場におけるBTM中の環境性レンサ球菌数の推移

表12　A農場におけるBTM中の体細胞数の推移

	1月	2月	3月	4月	5月	6月	7月	平均
上旬	18	22	20	19	21	27	30	22.4
中旬	19	21	22	26	18	25	33	23.4
下旬	23	24	20	21	28	29	32	25.3

体細胞数が不安定である　　　（体細胞数：万個/mℓ）

出するので、BTMモニタリングにおける環境性レンサ球菌数が高くなっていると考えられるからです。

このようなケースでは､体細胞数が高い乳牛から分房乳の細菌検査を実施し、原因菌を特定することです。その理由は、黄色ブドウ球菌の潜在性乳房炎の場合は、必ずしも体細胞数が高いとはいえないのですが、レンサ球菌性乳房炎は多くの場合、体細胞数が高くなるからです。

＊

乳房炎原因菌としての無乳性レンサ球菌は、抗生物質治療によりコントロールできることがほとんどですが、環境性レンサ球菌は、難治性の潜在性乳房炎になるケースが多く、BTSCCを増加させてしまいます。BTMモニタリングと乳房炎原因菌検査をうまく併用して、レンサ球菌性乳房炎の拡大を防いでください。

3 バルクタンク乳モニタリングにおけるエスクリン陽性レンサ球菌とは

M's Dairy Lab

前項では、乳房炎原因菌としてのレンサ球菌について、その特徴とバルクタンク乳（BTM）モニタリングとの関係を考えてみました。そのなかで、伝染性原因菌である無乳性レンサ球菌と環境性原因菌である環境性レンサ球菌の2種類に分けられることについて述べましたが、環境性レンサ球菌には多くのレンサ球菌が含まれており、発症した乳房炎症状も異なります。

そこで環境性レンサ球菌について、その分類方法を中心に述べてみたいと思います。

環境性レンサ球菌の種類と特徴

図11で示したように、乳房炎原因菌としての環境性レンサ球菌は、無乳性レンサ球菌以外ということで、その他のレンサ球菌（*OS*）として分類されています。しかし、*OS*には、*Streptococcus dysgalactia*（*S.*ディスガラクティア）、*Streptococcus uberis*（*S.*ウベリス）や*Enterococcus*（エンテロコッカス属）など、乳房炎を発症させる多くのレンサ球菌が含まれています。そして、これらの菌のなかには、抗生物質軟膏治療によく反応する菌もあれば、抗生物質軟膏治療に抵抗して、難治性乳房炎を引

図11 通常のレンサ球菌の分類

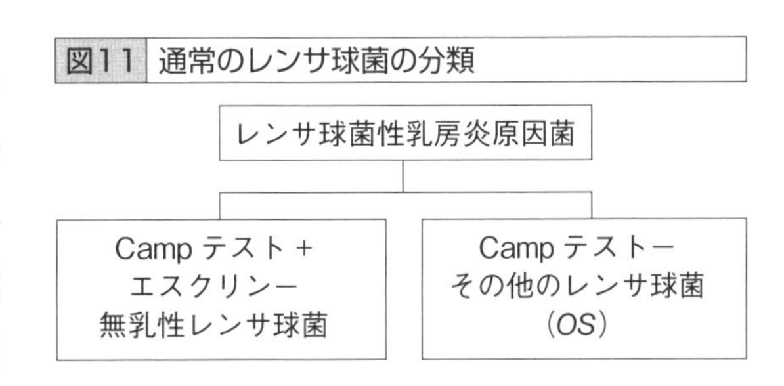

表13 レンサ球菌の治療日数別の治療率

	治療日数			
菌種	1日	3日	5日	8日
無乳性レンサ球菌	98	99.9	99.9	99.9
*S.*ディスガラクティア	20	40〜60	80	95
*S.*ウベリス	5	30	70	90〜95
エンテロコッカス属	0	0	0	0

（Allan Britten、プライベートセミナーより）　（単位：%）

き起こす可能性のある菌もあります。

レンサ球菌性乳房炎原因菌の代表格は*S.* ウベリスであり、臨床型乳房炎から分離される*E-Strep*の91%は*S.* ウベリスで、さらに潜在性を含めたレンサ球菌性乳房炎から分離される71%は*S.* ウベリスであると報告されております。

表13は、レンサ球菌の種類、抗生物質軟膏治療日数と治癒率の関係を示したものです。環境性レンサ球菌の*S.* ディスガラクティアは3日間の治療で60%近く治癒しているのに、*S.* ウベリスは30%しか治っておらず、5日間以上治療しなくては70%の治癒率に達しません。さらに、エンテロコッカス属では、8日間治療しても治癒率はほぼ0%です。また*S.* ウベリスは、長期間治療したとしても必ずしも治癒するわけではなく、難治性の潜在性乳房炎を発症させてしまうケースが多く見られます。このように、同じ抗生物質による治療でも治癒率に大きな差があるので、農場において、どのレンサ球菌が乳房炎を発症させているかを知ることは非常に重要なことです。

エスクリン陽性レンサ球菌

上記のように原因菌によって乳房炎症状も異なることから、環境性レンサ球菌をただ*OS*として表すのではなく、もう少し細かく分類して乳房炎コントロールに役立てる方法が実施されています。それが、エスクリンという糖を培地に添加して、ある種のレンサ球菌がエスクリンを加水分解して培地を黒く発色させる性質を用いて分類する方法です。米国アイダホ州でUdder Health Systemsという乳房炎検査ラボを運営しているDr. Allan Brittenも、この方法を推奨しています。そして、エスクリンを黒く発色させるレンサ球菌をエスクリン陽性レンサ球菌（*E-Strep*）と呼んでいます。

図12に、*E-Strep*を含めた*OS*の分類方法を示しました。*E-Strep*に含まれる

レンサ球菌は非常に多く存在しますが、BTMモニタリングや乳房炎コントロールの観点から考えると図12で示したようになり、*S.*ウベリスとエンテロコッカス属を含むその他の*E-Strep*という構造になると考えられます。その理由は、Dr. Allan Brittenが2農場の分娩直後の乳房炎菌を調べたところ132の*E-Strep*が分離され、そのうちの83%が*S.*ウベリスで、10%がエンテロコッカス属であったと報告していることからも、E-StrepのなかでS.ウベリスは乳房炎原因菌としてまず考える必要があり、難治性乳房炎を発症させる最も厄介な原因菌だからです。

図12　エスクリンを用いたその他のレンサ球菌の分類

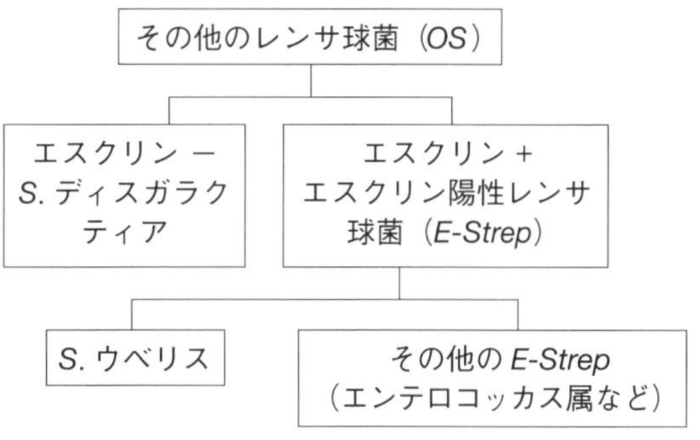

エムズ・デーリィ・ラボでも、BTMモニタリングで*E-Strep*を検出してカウントするとともに、*E-Strep*中に*S.*ウベリスやエンテロコッカス属が存在し

表14　BTM検査の報告書例

項　目	結果	判定基準				
	CFU/mℓ	目標	やや多い	多い	非常に多い	異常に多い
1 耐熱性菌（搾乳洗浄システムの指標）	140	〜50	〜100	〜300	〜500	＞500
2 生菌（搾乳衛生の指標）	15500	〜2000	〜4000	〜8000	〜30000	＞30000
3 伝染性細菌（体細胞数に関わる乳房炎菌）						
3-1 黄色ブドウ球菌	0	0	〜100	〜200	＞200	
3-2 無乳レンサ球菌	0	0	〜100	〜300	＞300	
4 環境性細菌（搾乳衛生不良からくる乳房炎菌）						
4-1 環境性ブドウ球菌	160	〜100	〜200	〜400	＞400	
4-2 環境性レンサ球菌総数	1700	〜400	〜800	〜2000	＞2000	
a）エスクリン陽性レンサ球菌（*E-Strep*）	1350	＜400	S.ウベリス、エンテロコッカス属が検出されました			
b）その他のレンサ球菌	350					
5 大腸菌群（糞便汚染由来による乳房炎菌）	100	〜10	〜100	〜300	＞300	
6 その他の環境性細菌	13540					

ているかについても調べて報告しています（表 14）。

BTM モニタリングと *E-Strep*

乳房炎原因菌として *OS* における *E-Strep* の重要性について述べてきましたが、実際の BTM モニタリング・データにおける *E-Strep* については、どのように見ていけばよいのでしょうか。

表 15 は、A 農場の過去 1 年間の BTM モニタリング・データです。黄色ブドウ球菌数や大腸菌群数が増加していないのに、環境性レンサ球菌が 2014 年 3 月から急激に増加しており、そのほとんどの部分を *E-Strep* が占めていることが認められます。そして、ほとんどの検査でエンテロコッカス属が検出され、*S.* ウベリスも数回検出されました。前項でも述べたように、BTM モニタリングで環境性レンサ球菌が増加した場合は、レンサ球菌性の潜在性乳房炎の可能性があります。そして *E-Strep* が増加してからの 5 月以降の月平均のバルクタンク乳体細胞数を見ると、5 月は 25.7 万個／mℓ、6 月は 25.9 万個／mℓ、8 月は 31.3 万個／mℓ、9 月は 30.9 万個／mℓ、10 月は 33.6 万個／mℓと増加しています。

表15 A農場におけるBTMモニタリングデータ

検査年月日	1 耐熱性菌	2 生菌	3-1黄色ブドウ球菌	3-2無乳性レンサ球菌	4-1環境性ブドウ球菌	環境性レンサ球菌 4-2 総菌数	環境性レンサ球菌 a *E-Strep*	環境性レンサ球菌 bその他	5 大腸菌群
2013/10/9	120	2000	20	40	40	240	230	10	0
11/6	140	1100	40	20	160	200	200	0	20
12/4	40	3900	40	0	20	200	180	20	0
2014/ 1/8	20	4300	0	0	20	420	420	0	0
2/10	0	1800	0	20	60	300	300	0	0
3/5	0	12200	0	0	0	8650	8090	560	2520
4/9	60	2900	0	510	0	2380	2280	100	0
5/7	60	12400	0	0	80	5800	5650	150	0
6/4	20	8800	20	0	20	3240	3140	100	0
7/10	160	6600	0	0	20	4260	3920	340	1160
8/6	40	4400	0	0	100	250	250	0	20
9/3	100	9200	0	0	20	2080	1320	760	620
10/8	160	4900	0	0	20	660	580	80	20

（単位：CFU/mℓ）

このような急激な *E-Strep* の増加から見て、正確な原因菌はわからなくても、*E-Strep* が原因の潜在性乳房炎の可能性が疑われます。レンサ球菌性乳房炎は乳汁中への排菌量が多いため、ほかの乳牛に乳房炎を伝染させる可能性が高いので、早急に潜在性乳房炎発症牛を見つけて治療する必要があります。

＊

環境性レンサ球菌は種類が非常に多いために、乳房炎発症時の症状もさまざまです。そのなかでも *E-Strep* といわれる *S.* ウベリスなどは難治性乳房炎を発症させ、農場に大きな損害を与えています。BTM モニタリングを実施する際にも、環境性レンサ球菌という単一の検査だけではなく、*E-Strep* という部分にも注目してモニタリングを行なうと、乳房炎コントロールにおいて、さらなる効果が期待できる可能性があります。

4

大腸菌群に対する乳房炎コントロールの基礎

The News Letter from
M's Dairy Lab

乳房炎原因菌は大きく分けると、伝染性乳房炎原因菌と環境性乳房炎原因菌の２種類に分けられることは先に述べました。

環境性乳房炎の特徴は、

・環境に生息している。

・多くの場合、搾乳と搾乳の間で原因菌の暴露（汚染）により感染する。

・原因菌を根絶することはできない。

などがあげられます。そして環境性乳房炎原因菌の代表が大腸菌群です。そこで大腸菌群について、その特徴やバルクタンク乳（BTM）モニタリングとの関係を述べてみたいと思います。

大腸菌群の特徴

大腸菌群はグラム陰性菌に分類され、大腸菌、クレブシェラ、エンテロバクターなどが含まれ、グラム陰性として分類されます。シュードモナス属、セラチア、プロテウスなどもグラム陰性菌の乳房炎原因菌ですが、大腸菌群には属していません。

大腸菌は動物の消化管の常在菌であり、クレブシェラ、エンテロバクターは土壌、穀類、樹木、水、動物の腸管に生息しています。とくにクレブシェラは敷料として用いられるオガクズ中に生息している場合が多く、乳房炎発生原因になるので注意が必要です。

大腸菌群の乳房炎は80～90％が急性の臨床型乳房炎であり、そのうちの

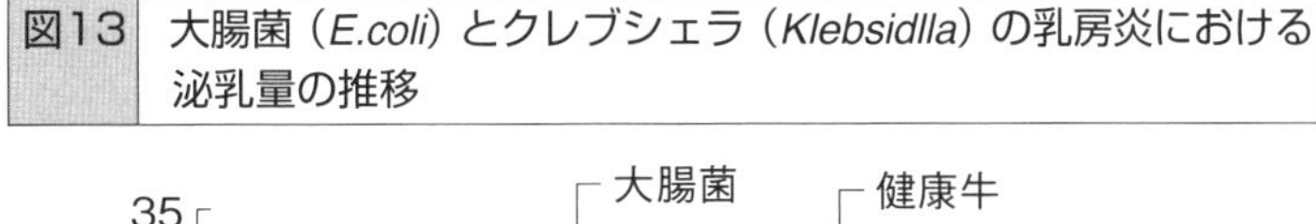
図13　大腸菌（*E.coli*）とクレブシェラ（*Klebsidlla*）の乳房炎における泌乳量の推移

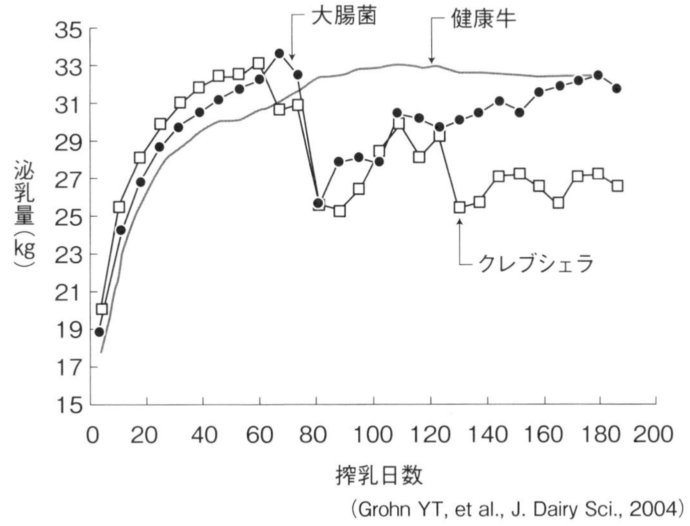

（Grohn YT, et al., J. Dairy Sci., 2004）

10％は非常に重篤な甚急性乳房炎となり、場合によっては死亡や廃用になってしまうケースもあります。臨床型乳房炎なので、抗生物質による治療が行なわれ、結果として乳はバルクタンクに入ることはないので、バルクタンク乳体細胞数（BTSCC）を増加させる可能性は非常に低いです。

図13は、大腸菌とクレブシェラの乳房炎発症後の泌乳量の変化を健康牛と比較したものです。大腸菌、クレブシェラともに乳房炎発症後、急激に泌乳量が減少しているのが認められます。しかしながら、その後の泌乳量の回復を見ると、大腸菌は順調に回復して健康牛レベルに戻っているのに対し、クレブシェラは一時的に回復傾向は示したものの、その後も泌乳量は低下したままです。このように同じ大腸菌群に属していても、大腸菌とクレブシェラの乳房炎はまったく別の症状を呈すると理解する必要があります。単に大腸菌群性乳房炎と一括りにせず、原因菌をモニタリングして治療する必要があるのです。

潜在性乳房炎で体細胞数が高い農場が、BTMモニタリング、搾乳衛生見直し、乳房炎原因菌モニタリングによる適切な治療などの乳房炎コントロールを実施して、潜在性乳房炎を減少させ体細胞数も低くなると、今度は急性や甚急性の臨床型乳房炎が多くなってくる場合があります。その原因が大腸菌群である場合が多いのです。このような傾向は、1980年代の米国の研究でも認めら

表16 6カ月間における体細胞数の高い農場と低い農場の原因菌別の臨床型乳房炎発症率

乳房炎原因菌	低体細胞農場 (n=12)	高体細胞農場 (n=6)
大腸菌群	43.5	8.0
原因菌検出なし	28.6	8.6
環境性レンサ球菌	12.3	12.6
黄色ブドウ球菌	2.2	18.3
無乳性レンサ球菌	0.0	41.5
環境性ブドウ球菌	7.8	7.6
その他の原因菌	5.4	3.4

(Erkineet al., 1988)　(単位：%)

れています（表16）。低体細胞農場は高体細胞農場に比べて、環境性乳房炎原因菌である大腸菌群による臨床型乳房炎の割合が非常に多く認められています。ところが高体細胞農場は、伝染性乳房炎原因菌である黄色ブドウ球菌や無乳性レンサ球菌などの乳房炎の割合が多く、これらの菌は潜在性乳房炎を発症させるため、体細胞数が高い原因になっていると考えられます。したがって、潜在性乳房炎を治療や淘汰などにより制圧できたとしても、牛床環境や搾乳衛生が不適切な場合は、大腸菌群による臨床型乳房炎の発症が増加する可能性があることに注意して乳房炎コントロールを実施しなければならないということです。

バルクタンク乳モニタリングと大腸菌群

表17は､A農場の過去1年間のBTMモニタリングの結果を示したものです。大腸菌群数が高く、とくに6月以降は非常に高く推移していることがわかります。

表18に示した5月以降、大腸菌群数が増加してからの月平均のBTSCCを見てみると、2回ほど20万個／mℓを上回っていますが、思ったほど高くは推移していません。したがって、この大腸菌群数は黄色ブドウ球菌数のように、乳房炎により乳汁中に排泄されたものではなく、環境に存在している菌がBTM中に混入したものであると思われます。まず考えられるのは、大腸菌群は乳頭皮膚の常在菌ではないので、搾乳衛生、とくに乳頭の清拭が不十分ではないかということです。搾乳時に乳頭や乳房が糞尿で汚染されてしまっていると、しっかり清拭したつもりでも、汚れが残ってしまう可能性が十分にあります。そして乳頭が糞尿で汚染されるような環境も問題であり、牛床衛生マネジ

表17　A農場の過去１年間のBTMモニタリング結果

検査年月日	1 耐熱性菌	2 生菌	3-1黄色ブドウ球菌	3-2無乳性レンサ球菌	4-1環境性ブドウ球菌	環境性レンサ球菌 4-2総菌数	環境性レンサ球菌 a *E-Strep*	環境性レンサ球菌 bその他	5 大腸菌群
2013/11/6	360	8800	0	0	20	2960	2960	0	260
12/4	880	10200	0	0	0	6960	6960	0	780
2014/ 1/8	160	4500	0	0	60	2480	2480	0	120
2/10	380	5400	60	0	40	1900	1900	0	220
3/5	340	5500	20	0	0	3100	3100	0	340
4/9	540	5400	0	0	40	1440	1440	0	460
5/7	300	13600	0	0	0	6300	6300	0	900
6/4	20	6700	20	0	0	1680	1680	0	1540
7/10	280	8600	80	0	280	2260	2260	0	1460
8/6	540	22100	260	0	40	4230	4230	0	1450
9/3	740	7800	0	0	0	6680	5560	1120	1050
10/8	640	7700	0	0	80	4150	4150	0	3300

（単位：CFU/mℓ）

表18　A農場の過去6カ月間における体細胞数の推移

	5月	6月	7月	8月	9月	10月
体細胞数（万個／mℓ）	19.1	18.5	17.4	22.3	19.9	20.2

メントができていないということです。

大腸菌群における乳房炎コントロールを実施する際には、牛床衛生マネジメントが非常に重要になります。基本は、糞や尿を牛床に排泄させないということです。ネックレールやカウトレーナーの位置を正しく設定して、牛床内への排糞を防止する必要があります。

敷料マネジメントと敷料培養（ベディングカルチャー）の重要性

そして、もう一つ重要なことは敷料です。多くの農場では、オガクズや戻し堆肥などの有機物の敷料を使っていると思われます。これらの敷料は水分と気温の上昇により細菌の栄養源となり、牛床での細菌数を増加させてしまいます。したがって新しい敷料を牛床に添加する場合は、その敷料中の細菌数が少なければ少ないほど、乳頭汚染を軽減することができるわけです。

敷料中の細菌としては、オガクズにはクレブシェラ、戻し堆肥には大腸菌やクレブシェラが存在しています。BTMモニタリングで大腸菌群数が急に増加した場合や、大腸菌群による乳房炎が増加した場合などは、敷料中の細菌数を培養検査すること（ベディングカルチャー）が推奨されています。正式なガイドラインはありませんが、大腸菌やクレブシェラが敷料中に10^3個／g以下が望ましいと考えられています。10^4個／g以上になると危険であり、10^6個／gではクレブシェラによる甚急性乳房炎が多発してくる可能性があります。

*

最近の米国ウィスコンシン大学の研究では、乳牛200頭以上の50農場での乳房炎発生状況を調査した結果、グラム陽性菌（ブドウ球菌やレンサ球菌を含む）の乳房炎発生率が27.5%に対し、グラム陰性菌乳房炎発生率は35.6%と高く、そのうち大腸菌性乳房炎が22.5%、クレブシェラ性乳房炎が6.9%を占めていると報告しています。

このように、大腸菌群による乳房炎は年々増加傾向にあり、発症すると泌乳停止や廃用など、農場に非常に大きな損害を与えます。潜在性乳房炎を制圧した際、体細胞数の低い農場では、大腸菌群による乳房炎に対する乳房炎コントロールへと進む必要があると思われます。

したがってBTMモニタリング・データやベディングカルチャー・データを十分に活用して、大腸菌群の臨床型乳房炎対策を行なってください。

5

乳房炎はすべて同じではない

乳房炎原因菌モニタリングの重要性

The News Letter from M's Dairy Lab

バルクタンク乳（BTM）モニタリングは、乳質や乳房炎の問題がある牛群を調査するための論理的なアプローチであり、農場での搾乳衛生および潜在性や臨床型乳房炎原因菌を予測する指標となり、乳房炎コントロールのファーストステップであると述べてきました。しかしながらBTMモニタリングは、個体牛レベルでの乳房炎や乳質のデータが提供されていないので、乳房炎発症牛に対しては、乳房炎原因菌モニタリングが必要になります。そこで、乳房炎原因菌モニタリングがなぜ必要であるのか、について考えてみたいと思います。

原因菌によって治療期間は異なる

99%の乳房炎は、乳頭口から免疫防御機構を突破して乳房内に侵入した細菌によって発症します。原因菌は非常に多く存在しますので、当然、乳房炎症状は異なります。抗生物質での治療により短期間で治癒するものもあれば、難治性で長期間治癒せず、慢性あるいは潜在性乳房炎に移行してしまう場合もあります。したがって乳房炎が発症した場合、すぐに抗生物質軟膏を注入するのではなく、原因菌を調べて、それに対応した治療を行なう必要があります。それが、無駄な抗生物質の使用を減らしながら、効果的な治療ができることとなるわけです。重要なことは、「乳房炎はすべて同じではない」ということを常に頭に入れておいて、発症した乳房炎に対処すべきであるということです。

表19は、乳房炎原因菌別の治療日数における治癒率を示したものです。黄色ブドウ球菌は、治療しなければ治癒率はほぼ0%ですが、8日間治療しても

表19 乳房炎原因菌別の治癒率

治療日数	0日		2日		5日		8日	
	初産牛	経産牛	初産牛	経産牛	初産牛	経産牛	初産牛	経産牛
黄色ブドウ球菌	**5**	**0**	15	10	25	20	**40**	**35**
環境性レンサ球菌	30	25	60	55	70	65	**80**	**75**
環境性ブドウ球菌	60	55	75	70	80	75	85	80
大腸菌	**80**	**75**	90	85	90	85	90	85
クレブシエラ	**40**	**35**	50	45	50	45	50	45
原因菌検出なし	95	90	95	90	95	90	95	90

（Pinzón-Sánchez, et. al., Journal of Dairy Science Vol. 94 No. 4, 2011）（単位％）

治癒率は約40％であることからも、非常に治りにくい乳房炎であることがわかります。それに比べ、環境性ブドウ球菌は、治療しなくても60％近くが治癒しており、自然治癒率が高いことが認められます。このように同じブドウ球菌でも、乳房炎の症状がまったく異なることがわかります。

環境性レンサ球菌は2日間の治療で60％近い治癒率が得られていますが、8日間治療を続けた場合80％に達しています。環境性レンサ球菌のなかには難治性乳房炎原因菌が多く、とくに主要な原因菌である *Streptcoccus uberis*（*S.* ウベリス）は通常の3日間の抗生物質治療での治癒率は非常に低いため、1週間以上連続治療することにより治癒率が80％近くに上昇してきます。しかし同じ環境性レンサ球菌に分類される *Enterococcus*（エンテロコッカス属）は抗生物質治療の効果がほとんどなく、8日間治療しても治癒率は非常に低いと考えられています。

甚急性乳房炎原因菌と恐れられている大腸菌とクレブシェラは同じ大腸菌群ですが、治癒率がまったく異なります。大腸菌は治療しなくても約80％が治癒しています。これは乳牛が大腸菌に対して強い免疫力を持って治していることを示しています。ただし残りの20％は、大腸菌が有する毒素であるエンドトキシンに過剰に反応して重篤症状を示すので恐れられているわけです。クレブシェラは8日間治療しても、治癒率はやっと50％に達するにすぎません。その理由は、クレブシェラは大腸菌に比べ宿主順応性が強いため、乳房内で長く生き続けられる性質があるからだと考えられています。したがって乳房炎症状がほぼ同じでも、大腸菌よりもクレブシェラの乳房炎の場合は、抗生物質治療を長く行なったほうが治癒する可能性が高くなります。

表19の最後の項目に「原因菌検出なし」とありますが、これは培養しても菌が生えない状態を示しています。その理由は、乳汁中にブツなどの異常を認めたため乳房炎と判断したのですが、すでに乳牛自身の免疫力により原因菌を好中球が貪食してしまった（好中球が細菌を細胞内に取り込み分解した）からです。このような乳房炎の多くは4～6日間で正常乳に戻るので、抗生物質の乳房内注入の必要がないと指摘されています。

「原因菌検出なし」の乳房炎は全体のうち25～40％認められており、増加傾向にあるともいわれています。その理由の一つは、無乳レンサ球菌性乳房炎のような乳汁中に菌を多量に放出する乳房炎が少なくなったからだと考えられています。残念ながら、「原因菌検出なし」の乳房炎に対し、抗生物質注入で治したと勘違いしている農場が多いのが現状であり、その結果、不必要な廃棄乳量を増やし、大きな損失を招いています。

乳房炎原因菌モニタリング

上記のように、乳房炎はその原因菌によって症状や治療期間は大きく異なりますので、乳房炎原因菌を特定することは、的確な治療を行なうために非常に重要です。乳房炎原因菌モニタリングは、そのためのものです。

乳房炎原因菌モニタリングは、通常は乳房炎乳を培地で培養し、生えた菌種によって判断していくわけですが、少なくとも24時間後には結果が判定でき、治療を開始する必要があります。そのために現在では、特定の菌種しか生えない選択培地が開発されており、培養後の判定が容易にできるようになってきています。

全身症状のない軽度～中程度の乳房炎は、乳汁培養後に原因菌判定結果が出てから治療しても治療効果は変わらないとの研究結果が出ています。重症な乳房炎は治療を優先し、その後に培養結果が出た時点で治療の継続や変更を行なえば、さらに適切な治療が行なえると考えられます。

現在では、獣医師の指導のもと、選択培地を使い農場で乳汁培養を行ない（オンファームカルチャー）、その結果に従って治療を行なう農場も増えてきています。

*

乳房炎は、その原因菌により症状は大きく異なります。抗生物質軟膏の注入を単純に繰り返しても乳房炎は治癒せず、抗生物質使用が多くなり、廃棄乳を増加させるだけです。原因菌モニタリングを行ない、早く原因菌を特定することが、最短で最適な治療をすることとなります。

6

乳房炎の発見の精度を高めるためのスコアリング・システム

The News Letter from M's Dairy Lab

先に、乳房炎はすべて同じではなく原因菌により症状や治療期間も異なるので、原因菌モニタリングが重要であることを述べました。しかし搾乳者における乳房炎の定義が一致していない場合は、結果として、乳房炎の発見が手遅れになるケースも多く認められます。そこで、乳房炎の発見の精度を高めるための「乳房炎症状スコアリング・システム」について考えてみたいと思います。

乳房炎発見システムの重要性

米国とカナダでの乳房炎に関する全国調査では、農場間において差はあるものの、毎年約16%の乳牛が臨床型乳房炎を発症していると報告されています。また、飼養頭数200頭以上の40農場での調査では、1年間に泌乳牛100頭当たり平均40回の乳房炎治療があったとの報告もあります。このように多くの乳牛が乳房炎に罹っていることは日本でも同じであると思われます。

乳房炎は、早期発見・早期治療が重要であると言われてきました。しかし、乳房炎の発見は搾乳者の観察能力に依存している場合が多く、とくに大規模農場になると搾乳ごとにスタッフが変わるために、乳房炎の発見に差が出てしまう可能性もあります。その結果、初期の乳房炎を見逃して症状を悪化させているケースもあることが考えられます。したがって、乳房炎の定義と発見の精度が搾乳者間によって差が出ないようなシステムを作り上げることが必要なのです。

システムを作るうえで重要なことは、乳房炎の症状に対する定義がシンプルで、理解するのが簡単であるということです。さらに、直感で判断でき、簡単に記録できるような実践的なものである必要があります。搾乳という忙しい作業のなかで、乳房炎であるか否かを直感で判断できるということは、乳牛にも搾乳者にもストレスをかけなくてすむので非常に重要なことです。また簡単に記録できるということは、乳房炎症状や治療日数などがデータとして蓄積されるので、乳房炎治療プロトコルを作成するうえで役に立つことになります。

乳房炎を効果的に発見するための「乳房炎症状スコア」

上記のとおり、乳房炎を発見するためには、乳房炎の定義がシンプルでわかりやすくなければなりません。そのために米国ウィスコンシン州立大学の研究者らは、乳房炎を症状別に３段階に分けてスコアリングすることを推奨しており、この方法はシンプルで、乳房炎の発見精度を高めるうえで非常に役に立つと考えられます。

以下が乳房炎症状スコアとその症状の定義を示したものです。

- ✔**スコア１（軽度）**：異常乳汁（ブツ、水様性）のみで、乳房の異常、発熱、泌乳量低下などの全身症状はなし。
- ✔**スコア２（中程度）**：異常乳汁と乳房の異常（発赤、腫脹、硬結）を認めるが、発熱や泌乳量低下などの全身症状はなし。
- ✔**スコア３（重度）**：異常乳汁、分房の異常に加え、発熱、食欲不振、ルーメン機能停止、泌乳量の著しい低下などの全身症状を伴う。

このスコアリング・システムは、臨床型乳房炎症状を全身症状があるか・ないかで分け、全身症状がない場合は、乳汁のみが異常なのか、あるいは乳房も異常があるのかで分けているので、臨床型乳房炎を発見するうえで、わかりやすいシステムだと考えられます。

表20は、このスコアリング・システムを用いた調査におけるスコア１～３の発症割合を示したものです。この表からわかるように、臨床型乳房炎のほとんどのケースはスコア１か２で、症状は軽度か中程度であり、重症となるスコ

表20 臨床型乳房炎の症状スコアの分布例

症状スコア	乳房炎の重症度	臨床症状	調査1 (n=686)	調査2 (n=622)	調査3 (n=212)	調査4 (n=266)	大腸菌群の症例のみ (n=144)
1	軽度	異常乳のみ	75	49	52	65	48
2	中程度	異常乳と異常乳房	20	37	41	27	31
3	重度	異常乳、異常乳房および全身症状	5	14	7	8	22

（Ruegg, Veterinary Clinic of North America, 2012, 改変）（単位％）

ア３のケースは５～22％で意外と少ないことがわかります。

このスコアリング・システムを用いてスコア３の乳房炎が25％以上になってしまった場合は、乳房炎発見の精度が不十分であり、スコア１や２の乳房炎を見逃している可能性があることが考えられます。

原因菌モニタリングと乳房炎症状スコア

先に、乳房炎原因菌モニタリングにおいて乳房炎症状が軽度～中程度のときは、乳房炎乳を培養後に原因菌判定結果が出てから治療しても遅くはないことを述べました。このスコアリング・システムを使うと症状判定の精度が高まるため、治療前に乳房炎乳培養を行ない原因菌が特定されてから治療を行なうか、治療を優先して原因菌培養は治療後に行なうかを決定することが容易にできるようになります。スコア１と２の乳房炎は軽度か中程度ですから、培養して乳房炎原因菌を判定後に適切な治療を行なえばよいわけです。スコア３の乳房炎は発熱などの臨床症状が出ているので、まずは治療を優先する必要があると思われます。しかし、治療前に乳汁サンプルを採取し培養して、その結果に基づき治療内容をより適切な処方に変更することは、治療期間を短くし、廃棄乳を減少させることに大いに役立つと思われます。

表20で示されている調査結果からすると、すぐに治療を要するスコア３の乳房炎は５～22％であり、残りの約75％はスコア１と２の乳房炎であり、培養により原因菌がわかってから治療しても間に合う乳房炎であることがわかります。

＊

乳房炎コントロールでは早期発見することが必要ですが、搾乳者の乳房炎に対する定義や観察能力の違いにより、初期の乳房炎を見逃してしまうことも多くあります。「乳房炎症状スコアリング・システム」は、搾乳者間で乳房炎に対する定義を一致させることができるので、乳房炎発見の精度を高め、早期治療へと導くことができると思われます。

7

治療開始を遅らせることができる乳房炎を理解する

乳房炎発見の精度を高めるための症状スコアリング・システムにおいて、スコア1と2は乳房炎乳を培養して原因菌が判明してから治療しても遅くはありません。しかしながら多くの酪農家は、乳房炎の治療を先延ばしにして悪化しないかと心配してしまうことが考えられます。そこで、治療を急ぐより、原因菌を判定してからの治療の影響について考えてみたいと思います。

乳房炎症状スコアについて確認の意味を込めて再度掲載いたします。

- ✔**スコア1（軽度）**：異常乳汁（ブツ、水様性）のみで、乳房の異常や発熱や泌乳量低下などの全身症状はなし。
- ✔**スコア2（中程度）**：異常乳汁と乳房の異常（発赤、腫脹、硬結）を認めるが、発熱や泌乳量低下などの全身症状はなし。
- ✔**スコア3（重度）**：異常乳汁、分房の異常に加え、発熱、食欲不振、ルーメン機能停止、泌乳量の著しい低下などの全身症状を伴う。

乳房炎原因菌の変化

以前は、乳房炎を発見したら、できるだけ早く抗生物質を乳房内に注入することが良いとされてきました。しかし抗生物質の効果がない原因菌も存在し、また牛舎構造や環境の変化により、主要な原因菌も変化してきています。例えば、1960年代は、グラム陽性菌である無乳レンサ球菌が主要な原因菌でしたが、抗生物質の使用により、現在ではほとんど発生することはありません。代わりにグラム陰性菌である大腸菌やクレブシェラなどによる急性乳房炎が増加しています。さらにはプロトセカ・ゾフィなど藻が原因で、抗生物質の効かない乳房炎も問題になってきています。したがって抗生物質による乳房炎の治療は、原因菌がわかってから行なうほうが良いと考えられるようになってきました。

治療開始を遅らせることができる乳房炎とスコアリング

乳房炎症状をスコアリングすることは、農場での乳房炎発見の精度を高めるためのものですが、同時に、乳房炎を発見しても、すぐに治療せずに原因菌の判定後に治療を開始しても遅くない乳房炎と、すぐに治療を行なったほうが良い乳房炎を区別するためにも用いることができます。

すぐに治療を行なったほうが良いスコア3は全身症状を呈した乳房炎であることから、判断しやすいと思われます。しかしスコア1と2の乳房炎は、多くの場合、獣医師に治療依頼せずに、酪農家が処置することが多いと思われます。結果として、不必要な処置を行ない、慢性乳房炎に移行させてしまい、廃棄乳を増やしてしまうなどのケースがかなり多いのではないかと推察されます。このスコア1と2の乳房炎こそ、乳汁培養により原因菌の判定後に治療しても遅くない乳房炎なのです。

しかしながら、いつまでも治療開始を延ばせるわけではありません。通常、原因菌の判定結果は最大でも24時間後には出て、治療を開始できることを前提として培養が行なわれる必要があります。

原因菌培養による治療の遅れの影響

乳房炎原因菌の培養を行なうと、乳房炎を発見してから治療までに約24時間を要することとなります。この治療開始の遅れが乳房炎治癒率に影響するかについて、米国ウィスコンシン州の研究者らは調査を行ないました。

8農場・411頭のスコア1と2の臨床型乳房炎を2群に分け、試験群は原因菌培養を行ない、原因菌が確定した24時間後に、グラム陽性菌は治療し、グラム陰性菌および原因菌が検出されなかった乳房炎の治療は行ないませんでした。試験群では40%がグラム陽性菌乳房炎、60%はグラム陰性菌乳房炎か、あるいは原因菌が検出されませんでした。コントロール群は乳汁サンプル採取直後に抗生物質軟膏で治療を開始し、その後、培養により原因菌の特定を行ないました。したがって、コントロール群では原因菌不明の状態ですべての乳房炎が治療されたこととなります。

図14　治療開始の遅れに対する短期的な影響

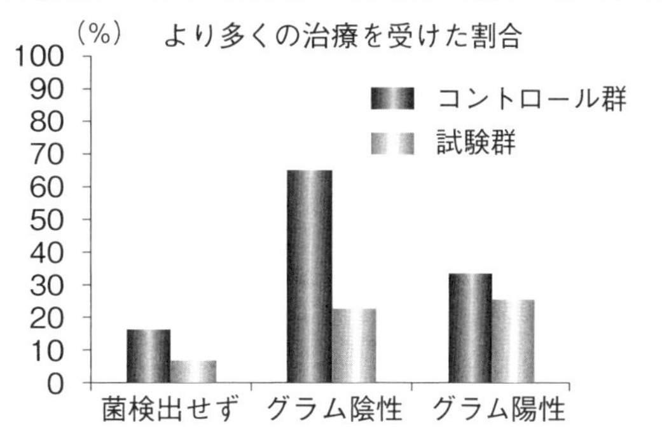

(P.Ruegg、ゼノアック酪農セミナー2011より)

治療開始の遅れによる短期間の影響として、症状の回復が悪く2回目の治療を受けた乳房炎は、コントロール群のほうが試験群に比べ2倍以上でした（図14）。とくにグラム陰性菌乳房炎では、コントロール群は症状が好転せずと判断されて2回目の治療を受けたのが65%なのに対し、試験群では半分以下の25%でした。また乳房炎乳を廃棄していた日数は、コントロール群に比べ試験群のほうがやや少なかったとの結果が認められました。

さらに泌乳期を通しての長期的な影響の調査では、臨床型乳房炎の再発率、体細胞数リニアスコア、乳房炎治療後の泌乳量、および淘汰率とも、試験群とコントロール群において差は認められなかったと報告されています。

*

このようにスコア1と2の乳房炎は、乳汁培養を行なって原因菌を判定してから治療しても決して遅くはないのです。そして24時間後に治療しても、乳房炎の悪化や再発、泌乳量の低下などが起こる可能性は非常に低いことがわかってきました。むしろ原因菌がわかっているので的確に薬剤を使用することができ、その結果、薬剤コストや廃棄乳量を減少させることが可能になり、乳房炎による損失を最小限に抑えることにつながることを理解する必要があると思われます。

8

乳房炎スコアリングをもとにしたオンファームカルチャー

The News Letter from M's Dairy Lab

乳房炎スコアリングをもとに、スコア1と2の乳房炎は発見直後に治療せず、原因菌を判定してから処置しても遅くはないことを述べてきました。しかしながら、原因菌の判定に2日も3日も要しては、かえって治療が長引いてしまい、廃棄乳も増加してしまう可能性があります。そこで、臨床型乳房炎原因菌を判定するための菌培養法について考えてみたいと思います。

乳房炎乳の培養とは

乳房炎原因菌を判定する方法はいろいろありますが、一番容易にできて、コストのかからない方法は、培地を使った培養法です。これは、乳房炎乳を培地に塗布し、培養器の中で約24時間培養し、培地に生えた菌を判定するという手順になります。

表21 乳房炎原因菌の分類

項目	主要な原因菌	
グラム陽性菌	黄色ブドウ球菌	伝染性乳房炎菌
	無乳レンサ球菌	伝染性乳房炎菌
	環境性ブドウ球菌	環境性乳房炎菌
	環境性レンサ球菌	環境性乳房炎菌
グラム陰性菌	大腸菌	環境性乳房炎菌
	クレブシェラ	環境性乳房炎菌
	シュードモナス	環境性乳房炎菌
	セラチア	環境性乳房炎菌

培養時における乳房炎原因菌の分類方法を表21に示しましたが、乳房炎原因菌を伝染性あるいは環境性で分けるのではなく、基本的には、グラム陽性菌およびグラム陰性菌と培養に適した2種類に分類されます。すなわ

ち、環境性ブドウ球菌や環境性レンサ球菌はグラム陽性菌に分類されますが、同じ環境性原因菌であった大腸菌やクレブシェラはグラム陰性菌に分類されます。

そして、多くの細菌のなかから**表21**で示した乳房炎原因菌を24時間で効率良く検出するためには、特定の菌、例えば、グラム陽性菌あるいはグラム陰性菌しか生えないように設計された選択培地を使用する必要があります。このような選択培地を使うと、培養後にさらなる菌同定検査を行なわずに原因菌の判定ができます。この方法はラボラトリー・ショートカットと呼ばれ、乳房炎診断ラボでの細かい培養検査に対して80%の信頼性ですが、現場で行なう原因菌検査では十分な信頼性であるとされています。

オンファームカルチャーとは

スコア1あるいは2の乳房炎を発見した場合には、できるだけ早く培養して原因菌を判定し、治療する必要があります。診療所が近くにあり、いつでも採取した乳汁サンプルの培養を依頼することができればよいのですが、そのような条件を有している農場は多くはないと思われます。そこで、乳房炎乳を農場で培養するオンファームカルチャー（OFC）という方法が行なわれるようになってきました。

OFCの利点は、搾乳時に乳房炎を発見したら、その場で乳汁サンプルを採り培養することができるので、結果をすぐに判定でき、原因菌に対し最適な治療を行なうことができることです。

農場で細菌培養というと非常に大変なように思われますが、獣医師の指導のもとでトレーニングを行なえば、培養はできるようになります。

オンファームカルチャーにおける2分割培地

①グラム陽性菌検出培地

OFCで使用できる選択培地はいくつかありますが、**写真3**は、そのなかで代表的な2分割培地です。左側はエスクリン加コロンビアCA培地で、ブドウ

写真3 乳汁検査用2分割培地

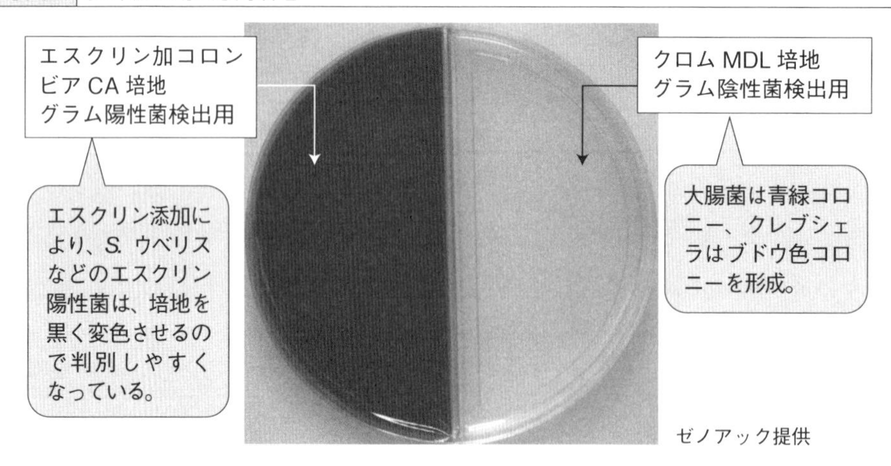

ゼノアック提供

写真4 ブドウ球菌のコロニー

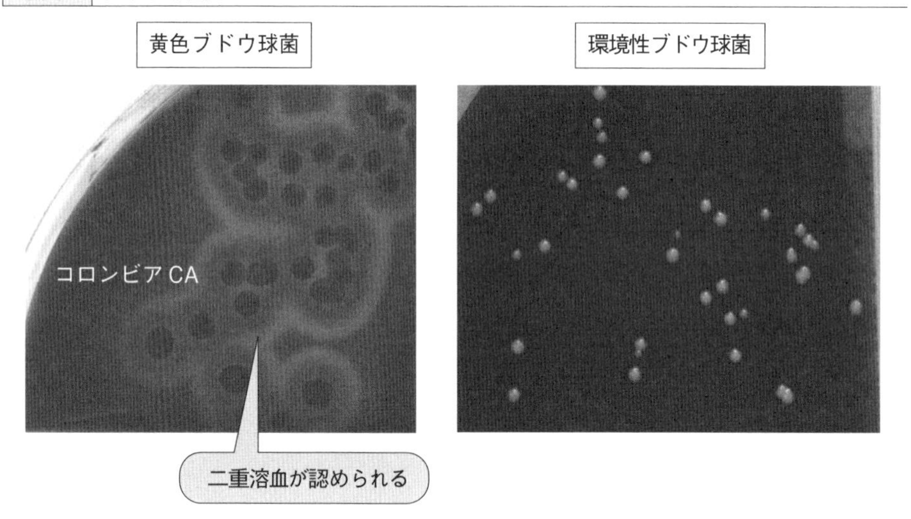

球菌やレンサ球菌などのグラム陽性菌検出用培地です。エスクリン加コロンビアCA培地に生えたコロニー形態ですが、まず重要なのが、黄色ブドウ球菌のコロニーだと考えられます。**写真4**で示したように、多くの黄色ブドウ球菌のコロニーは周囲の血液が溶血されて色が薄くなっており、とくに溶血度合いが異なる二重溶血が見られた場合は、黄色ブドウ球菌と判定できます。それに比べ、環境性ブドウ球菌のコロニーは非溶血か、溶血が見られてもコロニー周

囲のほんのわずかな部分です。

レンサ球菌は、コロニーがブドウ球菌に比べて非常に小さいのが特徴です。しかし、ブドウ球菌かレンサ球菌かが不明の場合は、カタラーゼ検査を行ないます。この検査は３％過酸化水素水（オキシドールで代用可能）をスライドグラスに１滴採り、その中に白金耳で採ったコロニーを入れて発泡すればブドウ球菌、発泡しなければレンサ球菌と、簡単に判断ができます（**写真５**）。さらに、エスクリンを添加しているのは、*S.* ウベリスやエンテロコッカス属などのエスクリン陽性レンサ球菌（*E. Strep*）が培地に生えたときにコロニー周囲を黒く変色させるので判定を容易にするためです。

写真5　カタラーゼ検査

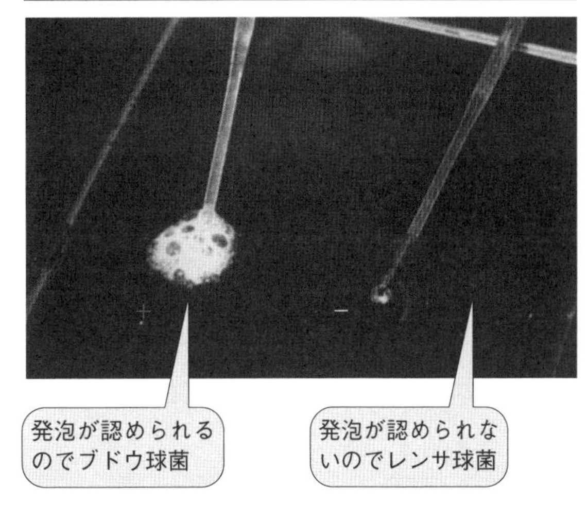

「MASTITIS CONTROL II」十勝乳房炎協議会より引用

この培地に生えた菌による乳房炎は、基本的に抗生物質治療は効果があるので、すぐに治療を開始することが推奨されています。そのなかで *E. Strep* は難治性乳房炎原因菌であり、検出された場合は、通常の３日間の治療ではなく、７～10日間と長期間実施するほうが治癒率を高めるとされています。

②グラム陰性菌検出培地

写真３の右側はクロム MDL 培地で、大腸菌、クレブシエラ、緑膿菌を含むシュードモナス属などのグラム陰性菌を検出する培地です。この培地に生えたコロニー形態ですが、大腸菌は青緑色のコロニー、クレブシェラはぶどう色のコロニー、シュードモナス属は半透明のコロニーをしています。したがって、コロニーの大きさや溶血などでなく、色で判別できるので非常にわかりやすくなっています。

この培地に菌が生えた場合、対象とする乳房炎がスコア１か２と症状が軽い場合は、すぐに抗生物質軟膏を注入するのでなく、経過を観察することが推奨されています。そして症状が悪化しない場合は、数日間で自然治癒していく可能性があります。その理由は、乳房炎症状を示したときには、大腸菌などは乳房内にはほとんどいなくなっており、ブツなどの炎症産物のみが排泄されている場合が多いためです。ただしクレブシェラの場合は、大腸菌に比べ宿主順応性が高く、乳房内に存在し続ける場合もあるので、抗生物質を使用するのでしたら4～5日間は乳房内注入を行なったほうがよいとされています。

＊

乳房炎乳の培養というと、非常に難しいと思われるかもしれませんが、獣医師の指導のもとにトレーニングをすれば、農場でのOFCは実施可能です。そしてOFCを実施することにより、乳房炎原因菌を早く確定し、的確な治療を最少日数で行なうことができるので、乳房炎による損失コストを抑えることができます。OFCを実施できない農場でも、担当の獣医師と相談して、乳房炎原因菌検出のためのシステムを作ることをお薦めします。

9

オンファームカルチャーにおける乳房炎治療プロトコルの重要性

M's Dairy Lab

農場で乳房炎原因菌の培養を行なうオンファームカルチャー（OFC）について述べましたが、検出された原因菌に対して適切な治療を行なうための治療方針がなくてはなりません。そこで、OFC における乳房炎治療プロトコルについて考えてみたいと思います。

オンファームカルチャーにおける治療プロトコルとは

OFC で検出される乳房炎原因菌の内訳は、グラム陽性菌（ブドウ球菌、レンサ球菌など）が 40 ～ 50%、グラム陰性菌（大腸菌、クレブシェラ、シュードモナスなど）が 25 ～ 30%、原因菌検出なしが 25 ～ 30%です。これらの原因菌が検出されたときに適切に治療を行なうためには、治療プロトコルを作成しておき、それに基づいて処置を行なっていくことが推奨されています。

農場で治療プロトコルを作成するにあたり重要なことは、獣医師に相談しながら作成することです。そのとき基礎的なデータとなるのがバルクタンク乳（BTM）モニタリング・データであり、その農場で、どのような乳房炎原因菌が多く検出されているのかを判断するうえで非常に参考になります。BTM モニタリングで黄色ブドウ球菌が検出されている農場では、それに焦点を当てた治療プロトコルを作成することにより、OFC での結果と併せて、より効果的に治療を実施することができます。

この治療プロトコルは、BTM モニタリングや OFC により乳房炎原因菌が変化していくに伴い変更していく必要があります。例えば、黄色ブドウ球菌な

図15 オンファームカルチャーにおける乳房炎治療プロトコル

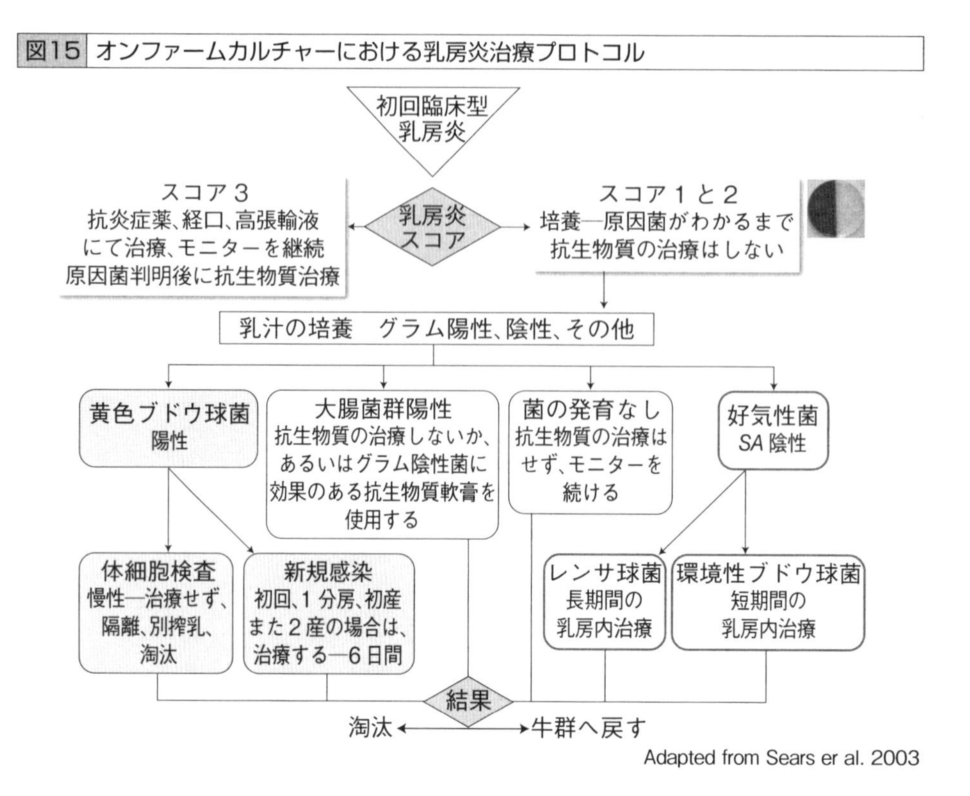

Adapted from Sears er al. 2003

どの伝染性乳房炎がコントロールされて発生がなくなると、多くの農場では、今度は大腸菌などによる急性乳房炎の発生が多くなる傾向があります。このような状態になったら、治療プロトコルを大腸菌やクレブシェラなどの急性乳房炎に対応した治療プロトコルに変更していく必要があるわけです。

図15は、乳房炎スコア1と2でOFCを行なった結果に対する治療プロトコルの一例です。非常に基本的なプロトコルなので細かい治療方法については書かれていませんが、OFCを実施して結果が出た時点で、原因菌により、どのような処置を行なうかプロトコルに従って判断していきます。農場によっては、獣医師と相談して、原因菌ごとに使用薬剤などを細かく書いておけば適切な処置がスムーズに行なえることとなります。

原因菌別の治療法

図15の治療プロトコルをもとに、スコア1と2の乳房炎についてOFCを

実施した結果を踏まえ、それぞれの原因菌に対する治療方法を簡単に述べてみます。

①グラム陽性菌が検出された場合

・**黄色ブドウ球菌**：新規感染で1～2産の若い乳牛ならば、抗生物質による治療は最低でも6日間は行ないます。すでに治療を2～3回行なっていて体細胞数が高い慢性経過を示している場合は、妊娠牛であれば早期乾乳して治療してもよいですが、そのほかの場合は盲乳や淘汰対象にすることを考えます。

・**環境性ブドウ球菌**：感染部位が乳頭のすぐ上部の乳房乳槽であるため、抗生物質治療が効果的です。約2～3日間の治療で治癒する可能性が高いので短期治療を行ない、経過を見ます。

・**無乳レンサ球菌**：抗生物質治療が非常に効果的なので、1～2日の短期間の治療で経過を見ます。

・**環境性レンサ球菌**：乳房内の乳腺細胞深部に浸潤して感染していて、短期間の抗生物質治療では効果がない場合が多いです。とくに*S.*ウベリス（エスクリン反応陽性）などは難治性乳房炎を発症する可能性が高いので、8～10日の長期間の治療を行なうか、3日間のショート乾乳治療（後述）を実施します。

②グラム陰性菌が検出された場合

・**大腸菌**：治療しなくても乳牛の自己免疫力により自然治癒するケースが80%あるというデータもあり、スコア1と2の場合は1～2日間の治療後に経過を見ます。痛みや腫脹が残っている場合などは、鎮痛消炎剤も効果があるので投与を行ないます。

・**クレブシェラ**：同じ大腸菌群でも、クレブシェラは大腸菌と違い自然治癒率が50%以下なので、スコア1や2であっても抗生物質治療は4～5日間行ないます。また大腸菌と同じように、痛みや腫脹がある場合は鎮痛消炎剤を投与します。

・**その他のグラム陰性菌**：シュードモナスやセラチアなどが検出された場合は、いずれも抗生物質治療は効果がありませんので治療は中止し、経過観察を行ないます。慢性乳房炎の場合は、淘汰対象にすることを考えます。

③菌が検出されなかった場合

乳牛の自己免疫力が勝り、原因菌が白血球に貪食されてしまったと考えられます。このような場合は、乳房内に原因菌はいないと考えられるので、抗生物質治療は行なわずに経過を見ます。多くの場合は、約1週間で正常乳に戻ります。

上記は、治療プロトコルに従った基本的な治療方法ですので、この考え方をもとに、それぞれの農場で原因菌に対するプロトコルを作成していけば良いわけです。

スコア3の乳房炎は、OFC を実施する前に治療は開始するわけですが、乳汁サンプルを採取しておけば、治療後に培養し、その結果に基づき治療方法を変更、改善することができます。したがって、すべての乳房炎において乳汁培養による原因菌検出は重要なことです。

*

OFC は乳房炎原因菌を検出することであり、その後に原因菌に基づいた治療が行なわれなければ乳房炎問題は解決しません。治療プロトコルは原因菌別の適切な治療方法を示すものですから、OFC を指導する獣医師と一緒に、自分の農場に合った治療プロトコルを作成して乳房炎治療を行なってください。

10

オンファームカルチャーにおける「原因菌検出なし」の乳房炎を理解する

The News Letter from M's Dairy Lab

これまでオンファームカルチャー（OFC）について述べてきました。乳房炎は99％細菌感染によって発症するので、乳房炎乳を培養すれば、必ず原因菌が培地に生えると思いがちです。ところが先にも少し述べましたが、原因菌が生えない場合、すなわち「原因菌検出なし」の乳房炎が見られることがあります。そこで、そのような乳房炎について考えてみたいと思います。

オンファームカルチャーでの原因菌の内訳

先にも述べましたが、OFCで検出される乳房炎原因菌の内訳は以下のようになります。

・グラム陽性菌（ブドウ球菌、レンサ球菌など）：40～50％
・グラム陰性菌（大腸菌、クレブシェラ、シュードモナスなど）：25～730％
・原因菌検出なし：25～30％

ここで注目しなければならないことは、農場で乳房炎と認められながら、OFCでの培養結果で「原因菌検出なし」が約30％もあることです。この「原因菌検出なし」が、OFCを行なっている多くの農場で、乳房炎治療に対する混乱の原因になっています。

「原因菌検出なし」とは

なぜ、このようなことが起こるのでしょうか。図16は、臨床型乳房炎における乳汁中への典型的な排菌パターンを示しています。すなわち、感染初期に原因菌は急速に増加します。この時点で乳房炎乳を培養すれば、原因菌を検出することができます。その後、乳牛の炎症性免疫応答により排菌量が低下しますが、培地での検出限界以上の排菌を行なっているので、少し遅れて乳汁を採材し培養しても原因菌は検出されます。したがって、OFCにおける約70%の乳房炎は図16のような排菌パターンをしているので、原因菌を検出することができます。

図17は、感染初期に原因菌が一時的に増加しますが、乳牛の免疫力が強く、白血球により原因菌のほとんどが貪食されてしまったパターンを示しています。このような場合は、乳房内に原因菌がいなくなってしまっても炎症は残っており、その結果として、ブツなどの異常乳が排泄されることがあります。場合によっては、乳房に軽度の腫脹などが認められることもあります。この乳房炎はスコア1か2であり、農場でこのような乳房炎乳を培養した場合は、原因菌は検出されないことになるわけです。これが、OFCにおいて「原因菌検出なし」の乳房炎が認められる主要な原因です。

そして原因菌が検出されない

図16 乳房炎症状における代表的な排菌パターン

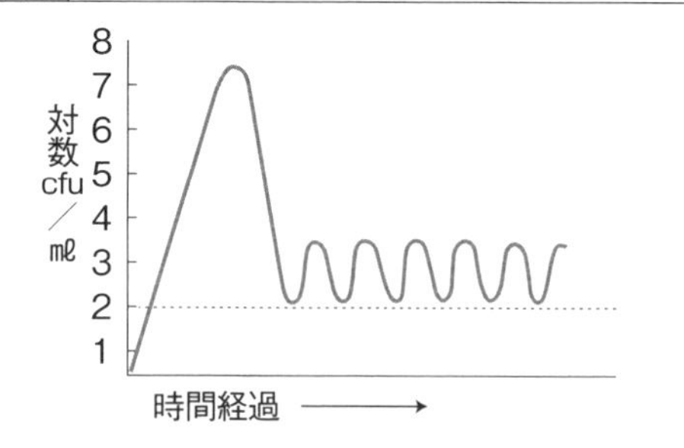

図17 回復が早かった乳房炎牛の排菌パターン

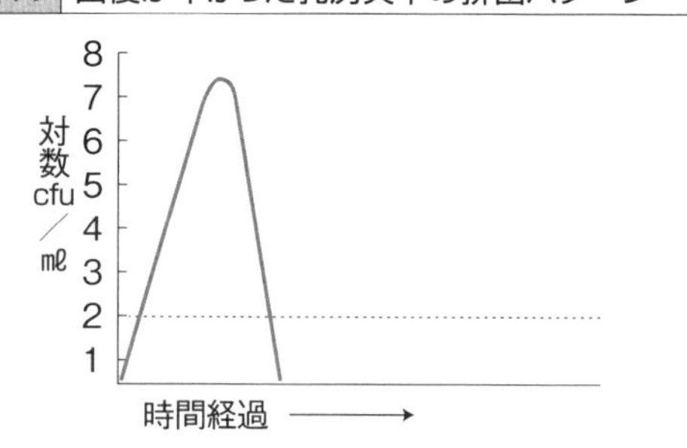

灰色の線＝経過時間とともに1mℓ中の排出された細菌数、
点線＝サンプル10μℓの培養時における検出限界

(Britten, Vet Clin Food Anim 28, 2012)

乳房炎は、抗生物質の乳房内注入などの治療を行なわなくても、通常は約1週間で正常乳に戻るとされています。OFCを実施する以前は、このような乳房炎に対しても抗生物質治療を行なっていた可能性が高く、その結果として多量の廃棄乳を生産してしまい、損失も大きかったと想像されます。

オンファームカルチャーで原因菌が検出されなかった場合の治癒率

静岡県東部NOASI・家畜診療所の後藤洋獣医師は、スコア1と2の乳房炎で、OFCにおいて原因菌が検出されなかった乳房炎とクレブシェラを除くグラム陰性菌の乳房炎については、別搾りのみで抗生物質治療は行なわず、その後、結果を調査しています。

「抗生物質治療必要なし」と判断した130分房において、発症から3日目までに治癒傾向が認められた分房は111分房であり、そのうち107分房（96%）は治癒したと報告しています。また、治癒傾向が認められず、抗生物質治療を行なった19分房のうち16分房（84%）も治癒したとのことです。

これらの抗生物質を使用せず治癒した乳房炎の生乳出荷までの日数は平均で5.8日であり、発症4日目までに53%（59／111分房）、7日目までに79%（88／111分房）、14日目までに91%（101／111分房）の分房の生乳が出荷されたとも報告しています。

産次別の出荷までの排菌日数は、初産で3.0日、2産で5.7日、3産以上で10.5日であり、産次が少ないほど早い治癒傾向にあり、とくに初産牛は早期に出荷できることが認められたと述べています。

この試験の結果からわかるように、OFCにおける「原因菌検出なし」の乳房炎は、治療しなくても7日間ほどでほとんどが回復しています。また症状が好転しない場合、3日後から抗生物質治療を開始しても、ほとんどの場合は間に合うことも示しています。

「原因菌検出なし」でも注意すべき乳房炎もある

ただし原因菌が検出されない場合でも、注意しなければならない場合もあります。ブツなどを排泄し続け、体細胞数も高く、明らかにスコア1の乳房炎なのですが、その乳をOFCで培養しても原因菌が生えず、その後も症状が好転しない場合であります。これは潜在性乳房炎に多く見られ、図18で示すように乳汁中への排菌量が非常に少なく、培地での検出限界を下回っている結果です。

「原因菌検出なし」でもう一つ注意しなければならないことがあります。それは、乳房炎乳サンプルを採取後から培地に塗布して培養するまでの時間が長くなると、乳汁中の細菌数が減少して「原因菌なし」となる可能性があるということです。乳中には、乳腺胞や乳管の上皮細胞から分泌されるβ-ディフェンシンや乳頭部乳槽や乳頭皮膚上皮から分泌されるS100A7などの抗菌因子が含まれています。これらの抗菌因子は自然免疫に属する物質であり、細菌を攻撃し死滅させる作用があります。これらの抗菌因子の作用を調べるために潜在性乳房炎乳を採取し、5時間室温で保存しながら菌数の変化を調べた結果、環境性ブドウ球菌、コリネバクテリウム・ボビス（*Corynebacterium bovis*）、イースト（Yeast）などは保存30分後で60％以下にまで減少し、大腸菌群は保存4時間後には約50％にまで減少したとの報告があります。培養検査まで4時間はかからないとしても、搾乳中に乳汁サンプルを採取して、検査まで30分くらいはかかってしまう場合はあると思われます。このような場合、とくに潜在性乳房炎などでは原因菌の種類によっては抗菌因子に作用により、菌数が検出限界以下にまで低下してしまう場合もあると考えられます。したがって乳房

図18 潜在性乳房炎牛の排菌レベルが低いパターン

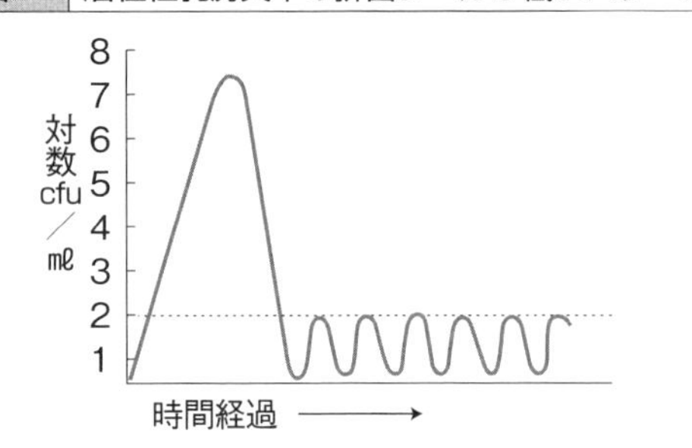

灰色の線＝経過時間とともに1mℓ中の排出された細菌数、
点線＝サンプル10μℓの培養時における検出限界

(Britten, Vet Clin Food Anim 28, 2012)

炎乳を採取したら、速やかに培地に塗布して培養することにより、より正確に乳房炎原因菌を検出することができるようになると考えられます。

「原因菌検出なし」を再検査する場合は、乳汁中の菌量が非常に少ないので、通常量の 10 μℓ を培地に塗布しても検出できません。このような場合は、塗布する量を 10 μℓ から 100 μℓ に増加するか、数日間乳汁サンプルを採取し、それを合乳してから培地に塗布すると、感度が高まって原因菌を検出できる可能性が高くなります。

＊

OFC を実施し、乳房炎原因菌を特定して治療することは非常に効率的ですが、原因菌が検出されない場合もあります。そのような場合は、乳牛自身がすでに菌を貪食している場合もあるので、すべて抗生物質治療に頼るのではなく、「治療しなくても治る乳房炎がある」ということを理解して、乳房炎症状を観察してください。その結果、無駄な治療や廃棄乳を減らすことができます。

11

「抗生物質が効かない乳房炎」を理解する

The News Letter from M's Dairy Lab

乳房炎は非常に多くの原因菌によって発症しており、通常、抗生物質を使って治療が行なわれています。しかし抗生物質治療はすべての原因菌に効果があるわけではなく、抗生物質が効かない原因菌もあれば、逆に抗生物質を使ったために悪化してしまう原因菌もあります。そこで、そのような原因菌について考えてみたいと思います。

抗生物質が効かない乳房炎原因菌

抗生物質が効かない代表的な原因菌には、酵母様真菌、プロトセカ・ゾフィ、シュードモナス属などがあります。

①酵母様真菌

酵母様真菌が原因である乳房炎は、酪農現場では「カビによる乳房炎」と言われます。乳房炎症状は、高熱を出し乳房の腫脹や硬結を呈しブツなどの異常乳を排泄する乳房炎から、臨床症状は示さず体細胞数が非常に高くなる乳房炎など、さまざまです。いずれの場合も抗生物質治療に反応しないため、症状が好転せず、逆に抗生物質の乳房内注入により症状を悪化させてしまう場合もあります。発熱しているにもかかわらず食欲があり、抗生物質治療に反応しない場合は、酵母様真菌性乳房炎を疑ったほうがよいかもしれません。

この乳房炎の発症率は、全体の1～2%と決して多くはありません。多くの場合は、乳頭口の消毒を行なわず不衛生な状態での抗生物質の乳房内注入や、抗生物質を使いすぎた結果、菌交代現象により酵母様真菌が乳房内に侵入することによって発症すると考えられています。カビの生えた敷料などを使っている場合は多発する可能性があるので注意が必要です。

写真6　酵母様真菌およびプロトセカのコロニー

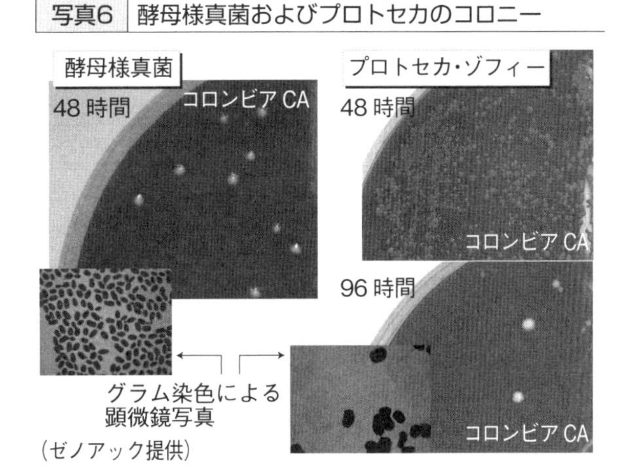

（ゼノアック提供）

オンファームカルチャー（OFC）により酵母様真菌を培養した場合は、グラム陽性菌用のコロンビアCA培地に生えますが、一般的な乳房炎原因菌が24時間で生えるのに対し、増殖に時間がかかり、目視できるコロニーになるまでには48時間を要することが注意点です（写真6）。

有効な治療方法は見つかっておらず、動物用イソジン液を生理食塩水で希釈して乳房内注入している場合が多いようですが、あまり効果はないようです。しかし埼玉県の柿沼獣医科医院では、オゾンガスの乳房内注入により、酵母様真菌性乳房炎に効果があったと報告しています。酵母様真菌性乳房炎と診断された10頭（13分房）に対し、罹患乳房へオゾンガスを1日1回、2～4ℓを1～3回注入した結果、12分房で再発は認められなかったと述べています。また全身性の発熱もなく、乳房局所症状のみのときは、頻回搾乳を行なうことで好転する場合もあるとの報告もあります。

②プロトセカ・ゾフィ

プロトセカ乳房炎とは、環境中に存在している葉緑素を持たない藻類であるプロトセカ・ゾフィ（*Prototheca Zopfii*）が原因で発生し、難治性の乳房炎で、フリーストール牛群での発生が多く認められています。感染源は、地下水、水溜まり、洗浄用ホース、下水溝など、酪農環境におけるあらゆる水まわりの汚染であると考えられています。

このプロトセカ・ゾフィに感染した場合、発熱や食欲不振などの全身症状はほとんど示すことはなく、乳房の腫脹や硬結などの局所症状のみを示し、多量のブツを含む異常乳の排泄が多く認められます。プロトセカ・ゾフィは環境性原因菌ですが､一度慢性化させてしまうと乳汁中へ持続的に排菌を行なうので、伝染性原因菌のようにほかの乳牛へ感染させる可能性があります。また感染が1分房であったものが、複数分房に感染してしまう場合などもあります。感染牛を特定した場合は速やかに隔離し、最後搾乳をする必要があります。

OFCではグラム陽性菌用培地に生えますが、酵母様真菌同様に発育が遅く、24時間ではコロニーは非常に小さいことが多く、48時間以上の培養により不定形で岩状のコロニーを確認できるようになります（**写真6**）。

乳房炎原因菌としてのプロトセカ・ゾフィは、今まではそれほど重要視されてきませんでしたが、米国の乳房炎原因菌検査の第一人者であるアラン・ブリテン獣医師によると、バルクタンク乳（BTM）モニタリングにおいて、プロトセカ・ゾフィを選択培地で検出を試みたところ、予想以上に検出されたと述べています。そしてBTM中のプロトセカ・ゾフィが検出されるということは、明らかに牛群内に感染牛がいる可能性があると報告しています。

治療に関しては、原因菌が藻類であるため、抗生物質治療の効果を期待することはできません。したがって症状が悪化した場合は、早期の淘汰が推奨されます。

③シュードモナス属

シュードモナス属のなかで一番重要な乳房炎原因菌は「緑膿菌」です。この乳房炎は日和見感染によって発症するので、通常見られる乳房炎ではありません。しかし一度発症すると、難治性で大きなダメージを与える可能性があります。環境性原因菌ですが、プロトセカ・ゾフィと同様に乳汁中に継続的に排菌するので、伝染性原因菌のようにほかの乳牛へ感染させる可能性もあります。したがってBTM中に緑膿菌が検出された場合は、感染牛がいる可能性があると考えられます。

OFCでは緑膿菌はグラム陰性菌用培地に24時間で生え､線香臭があるので、すぐに判別できます。

汚染された水源が原因で、搾乳パーラーや処理室の洗浄ホース、搾乳配管内などにバイオフィルムを有するコロニーを形成し、それが感染源となります。また、シュードモナス属は低温で増殖するので、BTMの温度管理が悪い場合には、生菌数を異常に高くする原因になることがあります。

多くの抗生物質に耐性があるので、抗生物質治療はほとんど効果がありません。したがってシュードモナス属の環境汚染に対しては、次亜塩素酸ナトリウム（有効塩素濃度100～200ppm）やヨード液（濃度300ppm）による消毒が有効と報告されています。

＊

抗生物質は万能ではなく、効かない原因菌も多くあります。このような原因菌は、OFCを行なった場合に、一般的な乳房炎原因菌とは異なった様相を呈することが注意点です。菌が生えるのに時間がかかったり、異常臭がしたりする場合は、獣医師と相談して原因菌の同定を行ない、的確な処置をすることが必要です。

12

レンサ球菌性乳房炎と過搾乳の関係

The News Letter from M's Dairy Lab

バルクタンク乳体細胞数（BTSCC）が高い場合は、潜在性乳房炎が存在する可能性が高く、その代表格である黄色ブドウ球菌が原因と、まずは考えてしまいます。しかしながらバルクタンク乳（BTM）モニタリングでは、黄色ブドウ球菌が検出されないのにBTSCCが高くて悩んでいる農場をしばしば見ることがあり、それらの多くは環境性レンサ球菌（以下、レンサ球菌）性乳房炎が原因であることがあります。そこで、レンサ球菌性乳房炎の特徴を考えながら、過搾乳との関係についても考えてみたいと思います。

①環境性レンサ球菌性乳房炎の特徴

レンサ球菌性乳房炎の原因菌は、無乳性レンサ球菌以外のレンサ球菌すべてが含まれますが、乳汁サンプルから採取され、実際に感染性を示すレンサ球菌は少なくとも8種類はあると報告されており、*S.* ディスガラクティア、*S.* ウベリス、エンテロコッカス属などが含まれます。そのなかの代表格が *S.* ウベリスです。臨床型乳房炎から分離されるエスクリン陽性レンサ球菌（*E-Strep*）の91％は *S.* ウベリスであり、さらにレンサ球菌性潜在性乳房炎から分離される71％は *S.* ウベリスであるとの報告があります。

レンサ球菌は、乳房内に侵入すると乳房深部組織の乳腺細胞にまで浸潤して感染するので、抗生物質治療が困難であり、その結果、難治性の乳房炎を発症することとなります。その反面、自然治癒が高く、40～60日で正常乳汁に戻るとの報告があります。そしてレンサ球菌性乳房炎の特徴の一つは、乳汁中へ排出する菌量が非常に多いことと、それに伴って体細胞数（SCC）を非常に増加させることです。

レンサ球菌は牛舎環境のほとんどの場所で存在していますが、麦稈を敷料として使用している環境で多発し、とくに*S.* ウベリスが原因の乳房炎は麦稈との関連が認められています。レンサ球菌に汚染された麦稈に乳頭先端が接触することにより感染のリスクが増加するわけですが、レンサ球菌の乳房内への侵入は、搾乳後の乳頭口の閉鎖時間と関係すると考えられます。したがって搾乳後、乳頭口が閉鎖するまで約１時間は起立させておくことが推奨されています。また乳頭口の閉鎖は当然、搾乳時間とも関係しており、過搾乳などにより乳頭口が傷んでくれば閉鎖までの時間が長くなりますし、閉鎖が不完全な状態になってしまうことにもなります。

レンサ球菌の乳房炎を予防するためには、汚染された敷料などを使わないことと同時に、搾乳、とくに過搾乳についても注意する必要があります。

過搾乳

過搾乳とは、乳房内で乳がほとんど生産されなくなったのにもかかわらず、搾乳ユニットを装着して搾乳を続けることです。過搾乳による害は、乳頭口の損傷のみならず、乳房内を陰圧状態にするため乳腺組織までも傷めてしまう結果になります。乳房内の状態を見ることはできないので、実際の過搾乳状態を搾乳者にはっきりと示せる方法がないのが現状です。しかし乳頭口スコア（図19）を見ることにより、過搾乳の状態を判断することはできます。

乳頭口スコアは泌乳量と非常に関係しているので、一乳期中でも変化します。すなわち泌乳ピークの乳量の多いときは搾乳時間が長くなるので、乳頭口はライナーによる刺激のため硬くなっていきます。スコア２であれば、泌乳量が低下する泌乳後期から乾乳期を経ることにより、スコア１である正常な乳頭口に戻ります。しかしながらスコア３になってしまうと、もうスコア２以下に戻ることはありません。したがって、高泌乳牛群になればなるほど乳頭口は傷んでくる可能性が高いわけですから、過搾乳については常に注意を払う必要があるわけです。

牛群における乳頭口スコアの指標は以下です。

図19 乳頭スコア

スコア	説明	写真	イラスト
1	・乳頭口周辺の皮膚の肥厚はなし	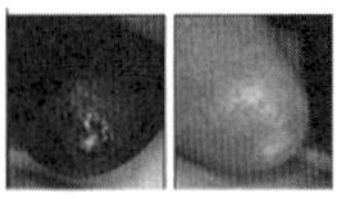	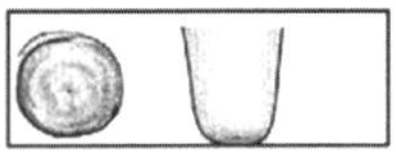
2	・平滑でかなり厚い肥厚した皮膚のリングあり	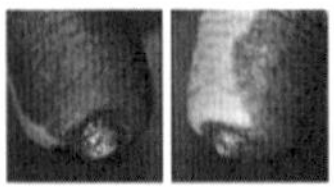	
3	・中程度の過角化症 ・乳頭口は粗野で肥厚した皮膚のリングがあり、その端にひび割れあり	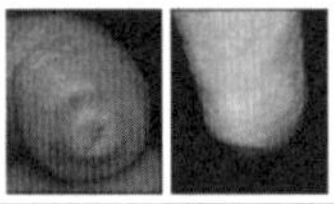	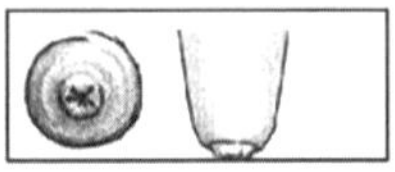
4以上	・さらに進行した粗野で肥厚した皮膚のリングあり ・多くのひび割れあり ・乳頭端は花が開いたような外観を呈することも多い	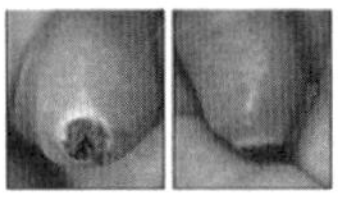	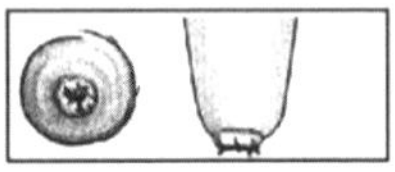

（Meinら、2001、A Scoring System for Teat-End Condition）

✔ 良い状態：スコア３と４が20％以下

✔ 憂慮する状態：スコア３と４が20～40％

✔ 最悪の状態：スコア３と４が40％以上

過搾乳を防止するために、搾乳ユニットの離脱のタイミングにおける流量の指標が設定されており、500～700mℓ／分（２回搾乳）、900～1100mℓ／分（３回搾乳）とされています。流量が測定できない場合は、搾乳ユニットを外した後に４分房を搾ってみて、合計で最低300mℓ、できれば500mℓの乳が残っていれば大丈夫であると考えられています。

図20は、ラクトコーダーにより流量を測定したものですが、離脱の指標とされる500mℓより低下してから約３分もユニットが装着されており、完全な過搾乳状態であることが認められます。乳頭スコアも４分房ともスコア４で、過搾乳により乳頭口が非常に傷んでいることがわかります。

このように過搾乳が続くと、乳房内への最初の防御機構である乳頭口でのケラチン組織が破壊されて、細菌を侵入しやすくしてしまっているのです。さらに、ほとんど泌乳していない状態で３分間も搾乳されるということは、乳房内の陰圧状態が長く続くことになり、乳腺組織を傷めてしまう結果になっている

図20 ラクトコーダーで測定した過搾乳の例

牛番号	前搾り回数	乳頭清拭		ラグライム	最大乳量／分(kg)	乳量(kg)	2分間乳量(kg)	50%以上	搾乳時間	乳頭口スコア			
		側面	乳頭口							左前	右前	左後	右後
16	8	○	×	1:48	4.64	18.56	8.49	46%	8.59	4	4	4	4

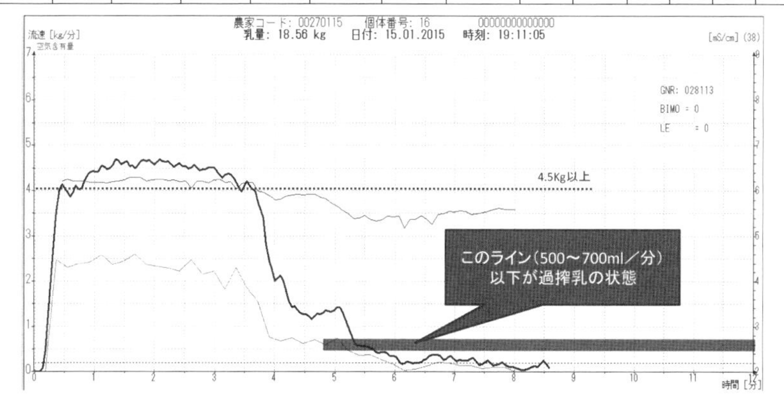

可能性があります。これは乳牛にとっては非常にストレスとなり、乳房炎発症の原因と考えられます。

＊

黄色ブドウ球菌は、乳頭口が傷んだ部位に定着してから乳房内に侵入して乳房炎を発症するといわれていますが、レンサ球菌は乳頭口での定着とは関係なく、機械搾乳中に乳房内に侵入する可能性が高いと考えられています。そして、レンサ球菌性乳房炎は、過搾乳と関係している可能性があると思われる点があります。

次に、レンサ球菌性乳房炎発生農場での乳頭スコアや搾乳状態について述べるとともに、治療法についても考えてみたいと思います。

過搾乳が原因と思われるレンサ球菌性乳房炎発症農場

T農場は、戻し堆肥を使ったフリーバーン、搾乳システムは片側6頭のスイングパーラーで、2015年7月時点で搾乳牛45頭でした。

2014年10月以降のバルクタンク乳モニタリングでは、黄色ブドウ球菌は検出されていないにもかかわらず、バルクタンク体細胞数が30万個／mℓ（以下、

表22 T農場の乳頭口スコアの割合（搾乳牛45頭）

乳頭口スコア	分房数	割合（%）
スコア1	22	12.4
スコア2	80	44.9
スコア3	62	34.8 ⎫ 42.7%
スコア4	14	7.9 ⎭

写真7 過搾乳による乳頭口の損傷

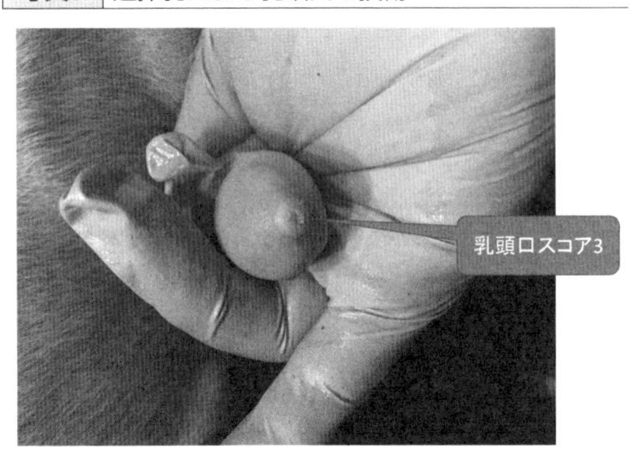

単位省略）で推移し、ときには40万以上になることもありました。そこで、45頭について乳房炎原因菌のスクリーニング検査を実施するとともに、乳頭口のスコアリングを行ないました。

乳房炎原因菌検査では、黄色ブドウ球菌は検出されず、11頭からレンサ球菌が検出されました。11頭のなかで、レンサ球菌の検出量が多かった乳牛の体細胞数を測定したところ、63万、404万、455万と非常に高いことが判明しました。ところが、体細胞数が高いにもかかわらず、これらの乳牛は臨床的な乳房炎症状を示しておらず、明らかに潜在性乳房炎であることが認められました。農場主によると、「これらの乳牛は、ときどき乳汁中にブツを排泄することがあり、そのたびに抗生物質の乳房内注入を行なうが改善しない」とのことでした。

乳頭口スコアリングの結果は**表22**に示しました。スコア2の乳頭口が44.9%と一番多く、その次がスコア3で34.8%でした。前項で示した乳頭口スコアの指標では、スコア3と4の合計の割合が20%以下なら良い状態なのですが、T農場では42.7%と最悪の状態であり、明らかに過搾乳になっていることが認められました。そしてレンサ球菌性の潜在性乳房炎を発症している乳牛の乳頭口はスコア3と4が多く見られました（**写真7**）。

一般的には、搾乳ユニットの離脱のタイミングが遅いことが過搾乳の原因になるわけですが、それ以外でも、搾乳前搾りによる刺激が少なく、オキシトシンによる乳汁生産が行なわれる前に搾乳ユニットを装着してしまうと、搾乳開

図21　搾乳開始直後の過搾乳——バイモダリティ（二度出し）

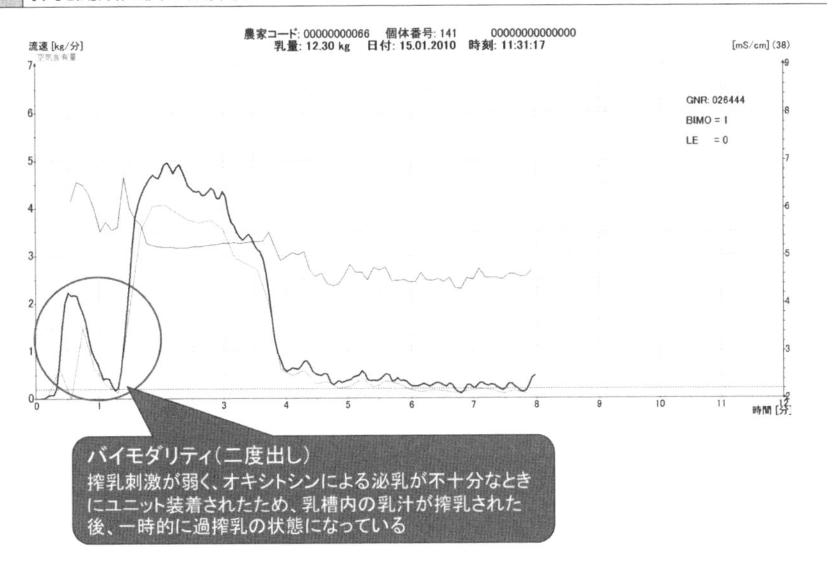

始直後に過搾乳を発生させてしまいます。これはバイモダリティ（二度出し）といわれている状態で（図21）、乳が生産されてないにもかかわらず搾乳ユニットが装着されているので、当然、過搾乳状態となり、乳頭口が損傷する原因となってしまいます。

写真８　後方に引っ張られている搾乳ユニット

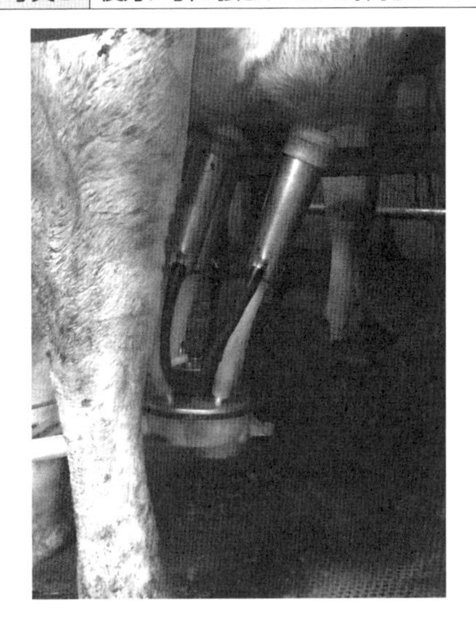

Ｔ農場は前搾りをしっかりと行なっていたので、バイモダリティによる過搾乳はないと思われました。しかし**写真８**のように、搾乳中にユニットが後方へ引っ張られている状態が多く認められました。この状態だと、後分房より泌乳量が少ない前分房のほうがより早く搾り終わってしまうこととなり、この搾乳状態が過搾乳を助長させる原因になっていたと思われます。しかし今回の乳頭スコアリングでは、前分房と後分房の乳頭で大きな差は認められませんでした。

先に「レンサ球菌の乳房炎は乳頭口の閉鎖時間と関係がある」と述べましたが、T 農場の乳頭口スコアや搾乳状態からして、過搾乳による乳頭口の閉鎖が不完全となり、それがレンサ球菌性乳房炎を多く発生させている原因であると思われます。したがって搾乳ユニットの装着時のアライメント（位置や角度など）の調整や、離脱タイミングの調整を行ない、過搾乳を防ぐことが乳頭口を正常に保ち、乳房炎を予防するための第一歩であるはずです。

レンサ球菌性乳房炎の治療

過搾乳は、乳頭口を損傷させるだけでなく、乳房内の真空圧を高めるために、乳腺組織にとっても非常に大きなストレスであり、組織を傷める可能性があります。そこで搾乳ストレスから一時解放して乳房炎を治療する方法として考えられたのが、NOSAI ちばの近藤寧子獣医師らによる「ショート乾乳法」です。

このショート乾乳法とは、抗生物質軟膏を乳房注入後 3 日間はその分房の搾乳を休止する方法で、レンサ球菌、とくに *E-Strep* である *S.* ウベリスが原因の乳房炎治療には効果があるとされています。

ショート乾乳法について簡単にまとめてみます（NOSAI ちば･松井崇獣医師、北海道酪農技術セミナー 2013 より抜粋）。

✔ 治療対象牛

・乳房炎原因菌がレンサ球菌であること（必ず原因菌培養検査を行なうこと）。
・新規感染牛、再発牛、そして臨床型あるいは潜在性乳房炎のどちらでも治療可能である。

✔ 治療を控えたほうがよい場合

・分娩直後や全身症状が重度な場合。
・原因菌が特定できない場合。
・乳房の腫脹や硬結が重度の場合。
・泌乳ピーク時などで漏乳が多い場合。

✔ショート乾乳法の実施手順

①乳房炎乳の原因菌検査――レンサ球菌の場合のみ実施する。

②搾乳後に抗生物質軟膏を注入。

③３日間（72 時間）の搾乳休止――ほかの３分房は搾乳する（出荷はできない）。

④４日目に４分房の搾乳開始する。

3 日間のショート乾乳後に、感染分房を搾ると多量のブツが出ますが、数日後には正常に戻ってきます。また、泌乳量も搾乳開始直後は多少の減少が見られますが、7 日目くらいで回復することがほとんどです。

近藤獣医師らのレンサ球菌に対するショート乾乳法の試験では、抗生物質注入群での治癒率は 71.4％であり、菌種別では、*S.* ウベリスが 63.6％、*S.* ディスガラクティアが 83.3％、そのほかのレンサ球菌（*S.* ボビスなど）が 72.7％であったと報告しています。いずれのレンサ球菌でも治癒率が 50％を超えており、難治性といわれていたレンサ球菌性乳房炎に対して、このショート乾乳法は実施する価値のある治療法だと思われます。

＊

レンサ球菌性乳房炎は、過搾乳による搾乳ストレスを軽減することが治癒を早める可能性があることを述べましたが、それを裏づけることを行なっているＴ農場の例を紹介します。Ｔ農場では、レンサ球菌性乳房炎が発症し、通常の 3 日間の抗生物質乳房内治療で症状が好転しない場合は、再度治療を行なわずに体細胞数（SCC）を測定し、SCC が高い状態が続くならば、その分房の搾乳を休止します。一時的な「分房乾乳」です。そして 2 週間～ 1 カ月後に搾乳して SCC を検査すると SCC は低下しており、乳房炎は治っていることが多いそうです。仮に SCC が高く、治っていない場合でも、妊娠牛なら乾乳期を経た新しい乳期では SCC も低く、乳房炎症状もないので、通常に乳を出荷できるとのことでした。このように難治性と思われるレンサ球菌性乳房炎に対し、抗生物質治療を最小限に抑え「分房乾乳」を行なえば、ほかの 3 分房の乳は出荷できるのですから、無駄な廃棄乳をなくすことにもつながるわけです。Ｔ農場のレンサ球菌性乳房炎治療プログラムは、40 ～ 60 日での自然治癒と、搾乳ストレスを軽減することが治癒を早めるという特徴を上手く使った方法であると考えられます。

*

　過搾乳は、乳房の細菌侵入防御システムの一番肝心な乳頭口を損傷させてしまいます。その結果、あらゆる原因菌の乳房内への侵入を可能にさせてしまいます。過搾乳とそれによるストレスは、レンサ球菌性乳房炎発症の原因となることが考えられます。バルクタンク体細胞数が高く、その原因がレンサ球菌と考えられる場合は、ぜひ過搾乳についてチェックしてみてください。

13

環境性乳房炎予防のための敷料マネジメントの重要性

The News Letter from M's Dairy Lab

乳房炎原因菌の多くは、ストール、牛床、敷料、飲水施設などを含めた牛舎内、あるいは放牧場など、乳牛のいる環境のほとんどに生息しています。したがって、乳牛は1日24時間、この環境性原因菌に暴露される可能性があるわけです。そして、12～14時間横臥し休息している牛床や敷料は直接乳房に接触しており、とくに敷料中の細菌数と乳房炎の発症率とは非常に関係があります。そこで、環境性乳房炎原因菌と敷料マネジメントについて考えてみたいと思います。

環境性乳房炎原因菌の生息場所

一般的な環境性乳房炎原因菌（以下、環境性原因菌）は、大腸菌群と環境性レンサ球菌（以下、レンサ球菌）に分けることができます。

大腸菌群には、大腸菌、クレブシェラ、エンテロバクターなどが含まれます。大腸菌は名前のとおり、消化管の常在菌です。クレブシェラやエンテロバクターは、土壌、穀類、樹皮、水、および動物の腸管などに生息しています。また、大腸菌群以外のグラム陰性菌に分類されるセラチア、シュードモナス、プロテウスも乳房炎を発生させます。セラチアはクレブシェラなどとほぼ同じ環境に生息していますが、シュードモナスやプロテウスは、パーラーや処理室での搾乳ユニットなどの洗浄に使用するホース中に生息して、洗浄時の汚染の原因になる場合があります。

レンサ球菌には、*S.* ウベリス、*S.* ディスガラクティア、およびエンテロコッカスなどが含まれます。これらの菌は、ストローなどの粗飼料、土壌、ルーメン、糞便、外陰部などから分離されており、とくに*S.* ウベリスは敷料に使用される麦稈に生息しているほか、サイレージや乾草などの飼料を汚染している場合もあります。

また、耐熱性菌数を増加させるバチルス属、とくに枯草菌（*Bacillas subtilis*）は土壌、水中、空気中、植物表面など自然界に広く生息しており、環境性乳房炎原因菌でもあります。

環境性乳房炎原因菌の乳頭汚染

環境性原因菌は呼吸器系疾患の原因菌でもありますが、血管やリンパ系を経由して乳房内に移行して乳房炎を発症することはほとんどないとされています。したがって環境性原因菌による乳房炎は、乳頭が原因菌に汚染された結果、乳頭口から侵入することによって感染した結果と考えられます。しかしながら大腸菌群やレンサ球菌は、乳頭皮膚では長期間生息することができません。もし、これらの環境性原因菌がバルクタンク乳（BTM）モニタリングにおいて多く検出された場合は、乳頭に多く存在していた可能性が推測され、環境からの暴露により、それも搾乳の直前に暴露した結果、乳頭が汚染されたことを意味しています。

これらのことから、乳頭が最も長く接する機会があるのが敷料ですから、乳頭がこれらの環境性原因菌に汚染されているということは、現在使用している敷料の汚染が一番の原因であると考えられるわけです。

敷料中の細菌数の変動

現在使用されている敷料の代表的なものは、オガクズ、麦稈、戻し堆肥などであり、すべて有機物ですので、環境性原因菌にとっては最適な栄養源です。乾燥した状態で貯蔵されている多くの敷料は、基本的には細菌数の少ない場合が多いのですが、牛床で敷料として使用された1時間以内に原因菌が1万倍に増加するケースが多くあることが認められています。

そして、この菌の増殖には温度と湿度が大きく関係し、増殖率が最大になるのは夏期の温度と湿度が高いときです。とくに大腸菌群の増殖は夏期に顕著であり、BTMモニタリング・データでも、その特徴的な増殖が認められます（図22）。

図22　バルクタンク乳中の大腸菌群数の月別変動

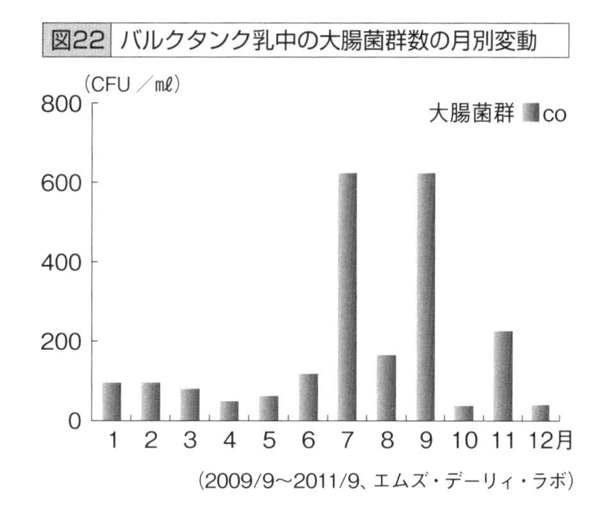

(2009/9〜2011/9、エムズ・デーリィ・ラボ)

一般的には、大腸菌群の乳房炎は80～90%が急性の臨床型乳房炎であり、そのうちの10%は非常に重篤な甚急性乳房炎であるといわれています。当然、抗生物質で治療されるので、乳がバルクタンク内に入ることはありません。したがって図22で7月と9月に大腸菌群が異常に増加しているのは、敷料中の菌が増加して乳頭が汚染された結果、搾乳を通してBTMの大腸菌数を増加させていると考えられます。それゆえ敷料のマネジメントは、環境性乳房炎を予防するうえで非常に重要です。

理想的な敷料は、水分含量が低く、環境性原因菌が必要とする栄養素がほとんど含まれていない無機物であり、その代表は、洗浄された砂です。砂には環境性原因菌は非常に少ないことが認められています。ただし、リサイクルされた砂で有機物や水分含量が増加した場合は、環境性原因菌が増加するので注意が必要です。砂を敷料とする場合は、乾物95%以上、有機物含量5%以下とされています。

敷料マネジメント

敷料中の細菌数を減少させるためには、どんな敷料でも、濡れて汚染された牛床の後方3分の1を、1日最低でも2回完全に取り除き、新しい敷料に置き換えるべきです。このときに注意しなければならないことは、牛床の前方の敷料を後方へ移動させることは絶対にやってはいけないということです。前方の敷料は、糞尿などで汚染されていないように見えても、使用している敷料には

表23 敷料とフリーバーンの表面の環境性乳房炎原因菌数

敷料	環境性 レンサ球菌	大腸菌	クレブシェラ	そのほかの 大腸菌群	そのほかの グラム陰性菌
使用前オガクズ1	0	0	0	0	0
使用前オガクズ2	1×10^{5}	0	0	0	0
使用前オガクズ3	1.6×10^{7}	0	1×10^{4}	1.9×10^{4}	0
戻し堆肥1	1.2×10^{4}	0	0	0	0
戻し堆肥2	1.85×10^{7}	2×10^{5}	1×10^{4}	1×10^{4}	3×10^{6}
フリーバーンの表面	8.7×10^{7}	5×10^{5}	2.58×10^{7}	1.8×10^{7}	2.5×10^{7}

（単位：CFU／㎖、エムズ・デーリィ・ラボ）

菌がすでに増加していますので、後方に移動すれば、急速に菌が増殖し、乳頭汚染の原因になってしまうからです。とくに高温多湿の夏期は菌の増殖スピードが速いので、牛床の後方3分の1だけでなく、牛床全体の敷料を1日2回交換し、細菌数を低くしておく必要があります。

敷料の消毒剤として消石灰が多く使われていますが、消石灰は時間が経つと炭酸カルシウムに変化して殺菌効果がなくなってしまいます。敷料中の細菌数を低く維持するためには、敷料を交換するたびに消石灰を散布することが重要です。消石灰の敷料に対する添加量は、重量比として3～5%とされていますが、場合によっては10%くらいまでは可能です。フリーバーン牛舎で、1頭当たり消石灰1kgを1日2回に分けて散布している農場もあります。

ベディングカルチャー（敷料培養）の重要性

消石灰による敷料の消毒も重要ですが、前もって敷料中の細菌数を調べ、それを基に消石灰の散布量を増やすとか、あるいは敷料の使用を中止するなどして、環境性原因菌の乳房炎コントロールに役立てることも重要です。それが「ベディングカルチャー」と呼ばれ、培養により敷料中の細菌数を調べ、汚染状況を判断する方法です。

表23は、オガクズと戻し堆肥の細菌数を示したものです。オガクズ1からは環境性原因菌は検出されませんでしたが、オガクズ2からはレンサ球菌が検出され、オガクズ3ではクレブシェラやそのほかの大腸菌群がかなり多く検出

されています。また、戻し堆肥２は大腸菌やクレブシェラなどが多く検出されています。

このようなオガクズ２や３、あるいは戻し堆肥２を敷料として使用した場合は、環境性乳房炎が増加する可能性が大いに考えられます。レンサ球菌や大腸菌群などに汚染されやすいオガクズや戻し堆肥などは、ベディングカルチャーにより細菌数をモニターすることが、乳房炎コントロールのうえで重要なことだと思われます。

ベディングカルチャーにおける細菌数の正式なガイドラインはありませんが、大腸菌やクレブシェラは敷料中に10^3個／g以下が望ましいと考えられており、10^4個／g以上になると危険、10^6個／gではクレブシェラなどによる甚急性乳房炎が多発してくる可能性があるので注意が必要です。

表23の一番下に、フリーバーンの表面の細菌数を載せておきましたので参考にしてください。

＊

バルクタンク乳体細胞数（BTSCC）が10万個／mℓ未満の農場において、23％の乳牛が臨床型乳房炎を発症したとの報告があるように、BTSCCが低いからといって、乳房炎が発症していないとはかぎりません。そして約85％の大腸菌群と50％の環境性レンサ球菌感染が臨床型乳房炎を発症させていると考えられています。最悪の場合、乳牛を廃用や死に至らす環境性原因菌による臨床型乳房炎を予防するためにも、敷料のマネジメントを確実に行なう必要があると思います。

14

搾乳中の乳房炎感染予防のためのライナースリップとバックフラッシュを理解する

乳房炎の原因の99％は、乳頭口から侵入した細菌感染により発症します。したがって搾乳中の乳頭口付近の細菌数を少なくすることは非常に重要であり、プレディッピングや1頭1布の乳頭清拭が推奨されています。しかし搾乳中のライナーは、搾乳終了ごとに洗浄が行なわれることはほとんどありません。

そこで、搾乳終了ごとにライナーやクロー内を洗浄するバックフラッシュについて考えてみたいと思います。同時に、細菌が乳房内に侵入する原因とされるライナースリップとの関係についても述べてみたいと思います。

乳房内に細菌侵入の原因となるライナースリップとドロップレッツとは

現在行なわれている機械搾乳は、真空圧（陰圧）を利用してライナーを乳頭に装着させて、乳を吸い出す方法により搾乳を行なっています。そのため搾乳中に真空圧のバランスが崩れてしまうと、正常な搾乳ができなくなってしまいます。一つの例が、図23で示したライナースリップとドロップレッツです。ライナースリップとは、搾乳中に乳頭に装着したライナーがずり落ちることです。その結果として、乳頭とライナーのマウスピースの間に隙間ができ、エアーが真空度の高いライナーからクロー内に進入します。進入したエアーはクローからほかの乳頭を搾乳している真空圧の高いライナー内へと流れていきます。このときのエアーの速度は非常に速く、乳汁の飛沫とともに乳頭口を直撃します。これがドロップレッツです。図24に示しましたが、搾乳中は乳頭内の真

図23　ライナースリップとドロップレッツ

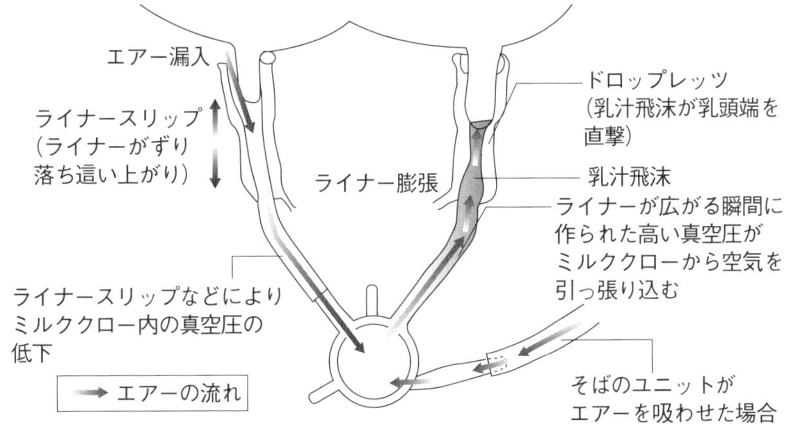

エアー漏入
ライナースリップ（ライナーがずり落ち這い上がり）
ライナー膨張
ドロップレッツ（乳汁飛沫が乳頭端を直撃）
乳汁飛沫
ライナーが広がる瞬間に作られた高い真空圧がミルククローから空気を引っ張り込む
ライナースリップなどによりミルククロー内の真空圧の低下
エアーの流れ
そばのユニットがエアーを吸わせた場合

（搾乳Navi, Dairy Japan, 2002）

空圧のほうがライナー内よりも高くなっているので、ドロップレッツの瞬間に乳汁中の細菌を乳頭内に侵入させてしまうこととなります。乳房炎原因菌が乳房内に侵入してしまった場合は、乳房炎を発症してしまう結果となるわけです。

図24　搾乳中のライナー内と乳頭内の真空圧の差

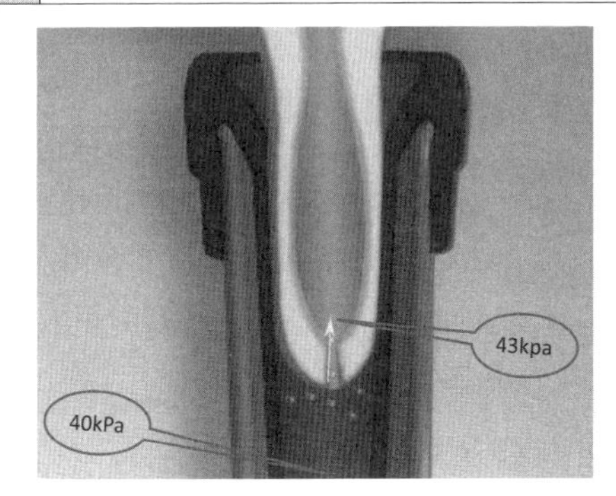

ドロップレッツが起こると、この真空圧の差が細菌を乳頭内に侵入させてしまう

　このように、搾乳中に真空圧のバランスが崩れてしまうようなライナースリップなどは、搾乳現場ではかなりの割合で発生していると思われます。ライナースリップは、水洗いなどによりライナーの内側が濡れていることが原因で発生するといわれてきました。しかしながら、それが主要な原因でないことがわかってきました。それよりも、乳頭サイズとライナーのマウスピースサイズの不適合、クローサイズや真空圧などが、より大きな問題であると考えられるようになってきています。

バックフラッシュシステムとは

黄色ブドウ球菌などは搾乳中にライナーに付着している乳汁を介してほかの乳房に感染するので、伝染性乳房炎原因菌と呼ばれているということを先に述べました。しかし、環境性乳房炎原因菌であるレンサ球菌、プロトセカ・ゾフィ、シュードモナス属なども、乳房炎を発症すると乳汁中への排菌量が非常に多いため、搾乳中のライナーを汚染し、ほかの乳房に感染させてしまう可能性があります。

このような原因菌に感染している潜在性乳房炎牛は通常、最後搾乳すべきなのですが、牛群の関係でそれができずに健康牛と混じって搾乳しなければならない場合や、乳房炎の発症を気づかずに搾乳してしまった場合は、ライナー内が乳房炎乳で汚染されてしまいます。そのライナーを次の健康な乳頭に装着して搾乳すれば、乳頭は汚染され、ドロップレッツなどが発生すれば乳房炎に感染させてしまう可能性が非常に高くなります。

この汚染されたライナーおよびクローを洗浄するのが「バックフラッシュ」と呼ばれている方法です。このバックフラッシュシステムは1970年代に開発され、搾乳終了ごとに、自動またはマニュアル（コックを捻る）で熱湯が放出されライナー内とクロー内を洗浄するシステムです。熱湯が放出される理由は、洗浄後にライナー内部を素早く乾かし、次の搾乳時のライナースリップを防止するためでした。しかし、システム設置やコストの問題、さらにライナースリップに対する考え方から、それは行なわれなくなってしまいました。また以前は、タイストール牛舎での搾乳時にバケツに消毒液を用意しておき、次の乳牛の搾乳前にライナーをその消毒液に浸けることを行なっているのをよく見ました。これは一見ライナーが消毒されているように思われますが、ライナーの内側が完全に消毒液に浸っているのかは確認できません。また消毒液の交換が頻繁にされない場合は消毒効果が低下しており、逆にライナーを汚染してしまう結果となることがありました。さらにライナーの内側を水で濡らすことは搾乳時のライナースリップの原因となるとされ、搾乳中にライナーの内部を洗浄することは、ほとんど行なわれなくなってしまいました。

マニュアル・バックフラッシュの応用

しかしながら現在、バックフラッシュは搾乳中の乳房炎感染予防の観点から見直されてきています。その理由の一つが、ライナーの内側が洗浄により濡れたとしてもライナースリップは起こらないことがわかってきたからです。さらに、お金をかけてバックフラッシュシステムを設置しなくても、パーラー内の洗浄用ホースでライナー内を水洗いしただけでも十分に洗浄でき、原因菌を取り除けるので、バックフラッシュと同様の役割をすることが認められています。この方法は「マニュアル・バックフラッシュ」と呼ばれています。

写真９　洗浄用ホースによるライナー内の水洗い

（トータルハードマネージメントサービス、佐竹直紀獣医師提供）

図25　ライナー内の洗浄前の残乳と洗浄後の水滴の培養結果

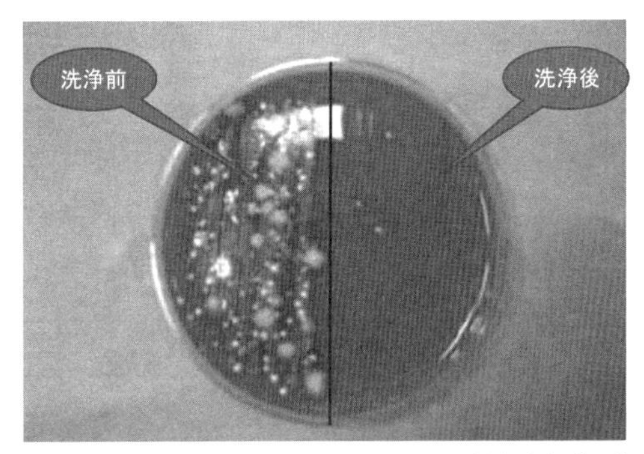

（トータルハードマネージメントサービス、佐竹直紀獣医師提供）

写真９は、パーラー内の洗浄用ホースでライナー内を水洗いしているものですが、クロー内に水が入らないようにショートミルクホースを折った状態で１秒間水洗いを行なっています。図25は、ライナー内の洗浄前の残乳と洗浄後の水滴を滅菌綿棒で採取し培養した結果を示したものですが、洗浄後はほとんど細菌が検出されておらず、わずか１秒間での水洗いでもライナー内の汚染を取り除く効果があることが認められました。この試験を行なった、トータルハードマネージメントサービスの佐竹直紀獣医

師によると、このように水洗い後のライナーで搾乳してもライナースリップは起こらなかったと述べています。

*

搾乳中の乳房炎原因菌によって汚染されたライナーで乳房炎を感染させてしまうことは大きな損失です。感染の原因となるドロップレッツを防ぐためにはライナースリップ防止が不可欠であり、発生を防止するには乳頭サイズに合ったライナーへの変更や真空圧の調節などが重要です。そして乳房炎原因菌などにより汚染されてしまったライナーは、マニュアル・バックフラッシュにより効果的に洗浄して、新たな乳房炎感染を予防してください。

15

乳頭とライナーの適合性を見つけることの重要性

The News Letter from M's Dairy Lab

搾乳とは本来、乳が溜まって張った乳房から乳を取り出してくれるので、乳牛にとっては気持ち良いはずです。その証拠に搾乳が上手い農場では、搾乳中に乳牛が気持ち良く反芻を行なっています。しかしながら、現在行なわれている機械搾乳は真空圧を利用してライナーを乳頭に装着させて、乳を吸い出しているわけです。そして搾乳時にライナースリップや過搾乳が起きると、乳頭先端の真空圧が変動してしまいます。この変動は搾乳されている乳牛にとっては大きなストレスであり、泌乳を停止したり乳房炎を発症する結果になってしまいます。

図26で示すように、搾乳中はバレルの部位でライナーと乳頭は密着しており、その結果、真空圧が安定して搾乳ができるわけです。しかし、乳頭とライナーサイズが合わないとライナー内の真空圧が安定せず、乳牛に搾乳ストレスを与え、正常な搾乳ができなくなってしまいます。

ここでは、VaDiaという機器を使って測定した搾乳

図26 ライナーの各部位の名称

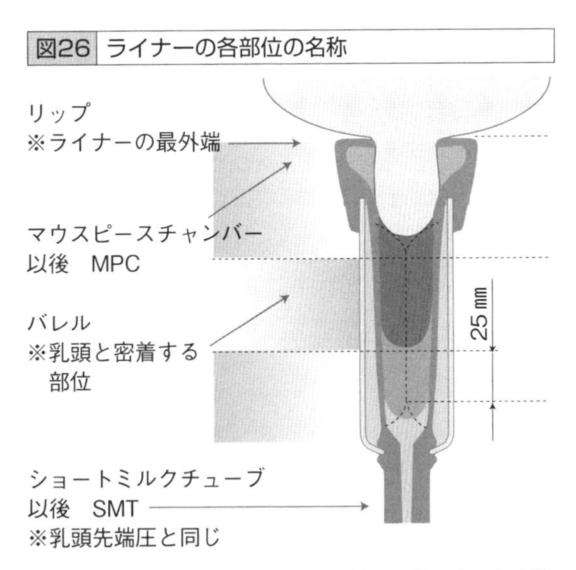

（資料提供：デラバル㈱）

中のライナー内の真空圧のデータをもとに、乳頭とライナーサイズの関係を考えてみたいと思います。

VaDiaとは

VaDiaとは「Vacuum Diagnostics（バキューム診断）」の略語であり、BioControl社が国際酪農連盟（IDF：International Dairy Federation）やノルウェーの酪農協同組合（Tine：The Norwegian dairy farmers' cooperative）と協力しながら開発したものです。

VaDiaはバッテリーで作動し、重さ約80gと非常に軽い小型機器です。本体には四つの真空ポートがあり、搾乳中にミルククラスター（クローと4本のライナーとシェルの部分）の4カ所で真空圧のデータを記録し、USBポートからパソコンにデータをダウンロードして簡単に分析することができます。さらにブルートゥースを使えばリアルタイムで波形を観察できます。

VaDiaの利点は、ミルククラスターのシェルの部分にビニールテープで取り付けてしまえばVaDiaが自動で測定してくれるので（**写真10**）、あとは搾乳作業の邪魔をせずに、外からの観察に集中できることです。

写真10 VaDiaを装着してミルキングタイムテスト

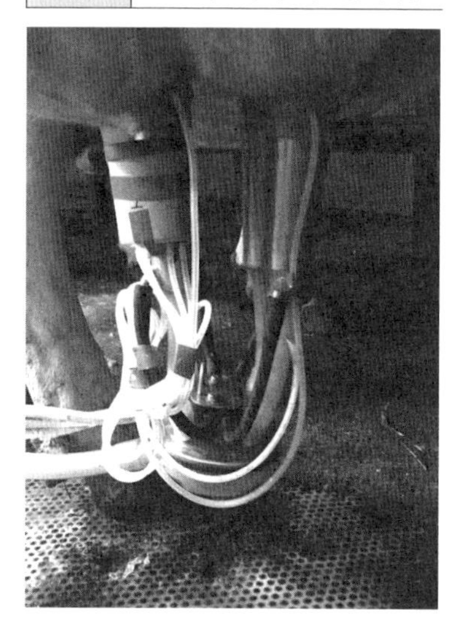

VaDiaで搾乳中に真空圧を測定することはミルキングタイムテスト（MTT）と呼ばれており、以下のデータを得ることができます。

・搾乳前の乳頭刺激の程度
・ピーク乳量時の平均乳頭先端真空圧
・過搾乳
・真空圧レベルと変動
・ライナーサイズの乳頭との適合具合
・自動離脱のタイミング

そのほかにも、パルセーションテストや搾乳ユニットの落下テストなど、搾乳システム点検に必要なことは一通りできるので非常に便利な機器です。

MTTにおけるMPC圧とSMT圧のガイドライン

MTTでは、マウスピースチャンバー（MPC）圧とショートミルクチューブ（SMT）圧を測定しますが、同時にパルセーションテストも行なうことができます。最初にMPC圧とSMT圧のガイドラインと変動における原因について述べておきます。

①MPC圧：10キロパスカル（kPa）前後が適正

10kPaよりも高い場合は、ライナーの内径が乳頭より大きく、バレル部分で乳頭とライナーが密着していないため、ポンプからの真空圧が直接供給されている状態です。またマウスピースの径が小さすぎて大気圧の流入がまったくない場合にも見られます。さらにライナーがシェルに対して純正でない場合やライナーゴムの柔軟性が失われて乳頭が密着していないことなども考えられます。

10kPaよりも低い場合は、リップから大気圧が流入している場合です。またリップが硬すぎたり、リップの径が大きすぎる場合にも低くなります。

②SMT圧：39～42kPaが適正範囲であり、触れ幅は6kPa以内が適正

流量が多いときに圧が低くなり、流量が少ないときに圧が高くなるのは、ライナーの不具合のほか、システム全体のメンテナンス不良が考えられます。SMTの径が細い場合も同様のことが起こる場合があります。

牛群の３割以上でこの傾向がある場合は、システムのメンテナンス不良かライナーに問題がある可能性が高いと思われます。

MTTの実際例

【例１】A農場

A農場は搾乳牛が45頭で、搾乳システムは片側６頭のスイング式ミルキングパーラーです。バルクタンク乳体細胞数（BTSCC）が高く、乳頭口スコア

図27 A農場における乳頭とライナーサイズの不適合の例

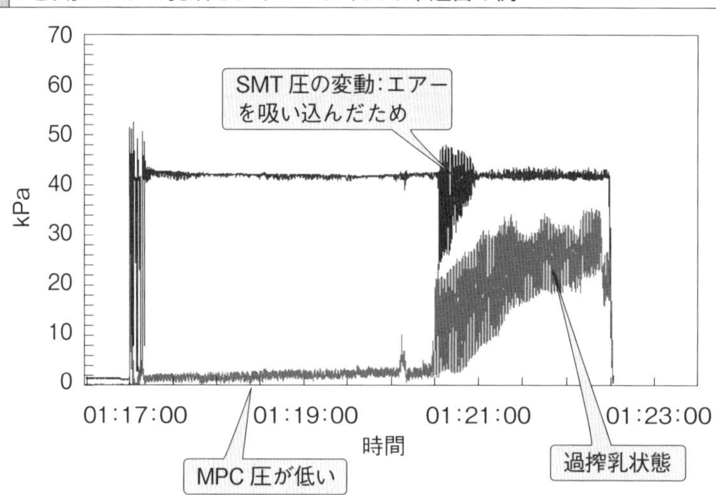

も悪いので、過搾乳状態が発生していることが予想されていました。

図27のMTTデータでは、搾乳直後からMPC圧は非常に低い状態が続いています。これはリップから大気圧が流入しているためで、ライナーの口径と乳頭サイズが合っていないことを示しています。搾乳後半でライナースリップによりエアーを吸い込んだために、SMT圧が変動した後にMPC圧が上昇しています。これは乳頭が細くなってライナーが這い上がり、ポンプからの真空圧が直接供給されているためです。

VaDiaでは、このようにMPC圧の触れ幅が大きく上昇し始めた以降を過搾乳と定義しています。したがってデータからは、明らかに乳頭に対してライナーが適合していないことが認められ、過搾乳の原因になっています。しかし、すべての乳頭にライナーを適合させることは不可能です。正式なガイドラインはありませんが、MTTにより80%以上の乳頭がライナーと適合していることが望ましいと考えられます。

【例2】B農場

B農場は、北海道の酪農コンサルタントである新出展之氏がMTTを行なって改善した例です。B農場は搾乳頭数が160頭で、搾乳システムは10頭ダブルのパラレル式ミルキングパーラーです。B農場では乳頭の太い乳牛が多く、

図28　B農場におけるライナー変更前の真空圧の変動

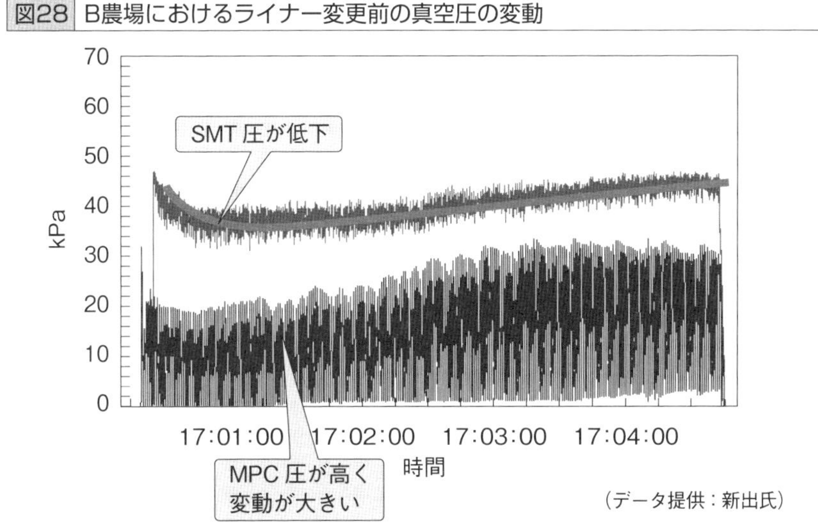

（データ提供：新出氏）

搾りきりが悪くなり、泌乳量も減少してきているということで、VaDia による MTT を実施しました。

図28は、そのとき使用していたミルククラスターでの MTT の結果を示しています。MPC 圧が高く、振れ幅が大きくなっていることが認められます。これはマウスピースの口径に対して乳頭が太いために入りきらず、マウスピースチャンバーの部分にバレル部分を通してポンプからの真空圧が直接供給されていることが考えられます。乳頭を陰圧で無理やりライナー内に引き込む形になっており、乳牛にとっては非常に搾乳ストレスがかかっている状態だと考えられます。また泌乳ピーク時には SMT 圧の低下が見られますが、これは SMT の径が細いためにクローへの乳の流出がスムーズにいかないことが原因と考えられます。したがってB農場では、乳頭サイズに対してライナーが不適合であり、その結果、泌乳ストレスが増して搾りきりの悪い状態が起こっていたと思われます。

図29は、乳頭サイズに合わせたライナーに変更した後の MTT の結果です。このライナーはサイズが大きいだけでなく、リップも柔らかく、SMT の径も大きくなった結果、クローへの乳の流出がスムーズになりました。その結果、MPC 圧は 10kPa 前後で推移しており、SMT 圧も安定しています。このような状態であれば、乳牛もストレスなく泌乳することができると思われます。

図29 B農場におけるライナー変更後の真空圧の変動

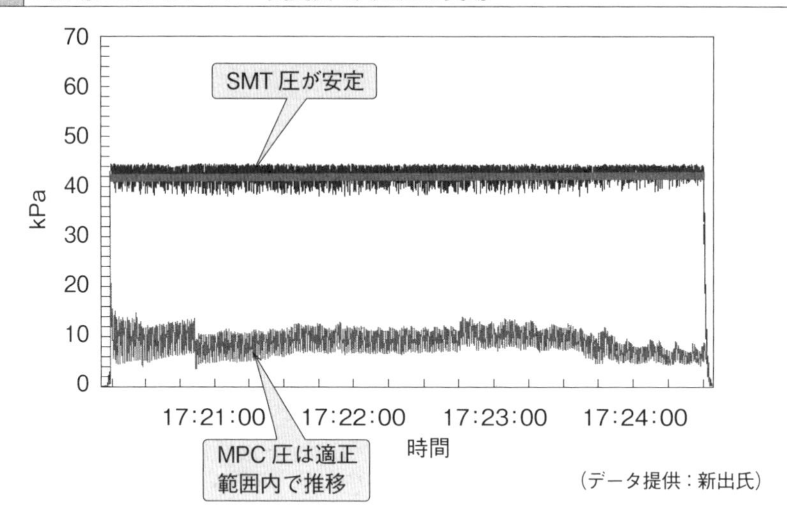

（データ提供：新出氏）

＊

搾乳時に乳頭が直接的に接触するライナーとの適合性は最も重要です。適合していない場合は、搾乳中に真空圧の変動が大きくなり、過搾乳、さらには乳房炎の原因にもなってしまいます。

搾乳とは本来、乳牛にとっては気持ちの良いものです。したがって、ストレスを与えることなく搾乳することは非常に重要です。そのためには VaDia のような機器を使って、搾乳中の真空圧を測定し検証することも重要です。

16

マイコプラズマ性乳房炎について理解する

The News Letter from M's Dairy Lab

近年、農場における飼養形態がタイストールからフリーストールとなり、さらには大型化されるに伴い、発生する疾病も変化してきています。その一つが、マイコプラズマが原因となる乳房炎です。現在では、マイコプラズマは、黄色ブドウ球菌、無乳レンサ球菌と並び、三大伝染性乳房炎菌の一つと考えられています。そこで、マイコプラズマ性乳房炎について考えてみたいと思います。

マイコプラズマとは

マイコプラズマは病原性微生物ではありますが、ブドウ球菌のような細菌に比べて非常に小さく、細胞壁を有しておらず、細菌やウィルスとは別に分類されます。マイコプラズマは正常な子牛や成牛の呼吸器や生殖器などの粘膜表面からも分離されていますが、中耳炎、肺炎、関節炎、尿生殖器感染、および乳房炎などを発症させる原因菌でもあります。

またマイコプラズマは細胞壁を有していないため、細胞壁合成を阻害し殺菌作用を示すペニシリン系やセファロスポリン系の抗生物質は効果がありません。

マイコプラズマ性乳房炎

乳房炎を発症させるマイコプラズマは約 10 種類が報告されていますが、そのなかでマイコプラズマ・ボビス（*M.* ボビス）、マイコプラズマ・カリフォル

表24 マイコプラズマ性乳房炎の原因菌の割合

研究	M. ボビス	M. カルフォルニカム	M. ボビジェニタリウム	その他
Jasper（1980）	51	16	5	28
Kirk ら（1997）	48	11	25	16
Boonyayatra ら（2011）	85	5	1	9

（Fox, Vet Clin Food Anim 28, 2012）（単位%）

ニカム（*M.* カリフォルニカム）、マイコプラズマ・ボビジェニタリウム（*M.* ボビジェニタリウム）の3種が主要な乳房炎原因菌と考えられています（表24）。そのなかでも *M.* ボビスは、マイコプラズマ性乳房炎で最も検出率が高く約50%近くを占めており、症状も重篤になるケースが多く重要な原因菌です。*M.*. カリフォルニカムも急性乳房炎を発症させますが、*M.* ボビスよりも回復し正常乳に戻るのが早いと報告されています。

①**症状**：マイコプラズマ性乳房炎の症状は、重度の乳房の腫脹と硬結が認められ、多量のブツを含む水様性あるいは化膿性乳汁を排泄し、泌乳量が激減または停止する場合もあります。伝染性が非常に強いので牛群中で乳房炎が多発するようになり、しかも多くの場合、複数分房が同時に乳房炎を発症することが認められます。

②**感染経路**：マイコプラズマは非常に感染力が強く、感染実験では約70個のマイコプラズマを乳頭内に侵入させた場合でも乳房炎を発症させることができるとの報告があります。通常は、マイコプラズマ性乳房炎の乳汁には10万～100億個／mℓのマイコプラズマが含まれています。したがって汚染された搾乳機器はもちろんのこと、ディッピング剤や搾乳者の手などを介して伝播すると考えられます。

M. ボビスなどは肺炎などの呼吸器系疾患の原因菌でもあり、マイコプラズマ性肺炎の子牛の鼻汁中には大量のマイコプラズマが存在しており、哺乳従事者の手や作業服に付着したマイコプラズマが泌乳牛群での乳房炎発生の原因になるともいわれています。また、マイコプラズマ性乳房炎発症牛を隔離の目的

でホスピタルペンへ入れた場合、その伝播は、本牛舎に比べて100倍速いとの報告もあり､同居牛の乳房炎発生リスクが非常に高まるとも考えられています。

感染経路としてもう一つ特徴的なのは、マイコプラズマは血液を介して乳腺に移行することです。肺炎や関節炎などを発症させたマイコプラズマが血流に乗って乳腺に移行し、乳房炎を発症させると考えられております。これは、ほかの乳房炎原因菌には認められない感染経路です。

③治療：マイコプラズマに対しては、一般に使用されている抗生物質治療はほとんど効果がなく、難治性乳房炎と考えられてきました。その結果、米国などでは、この乳房炎に罹った場合は淘汰が基準となっていました。しかし日本では､抗生物質の治療により症状を好転できることがわかってきました｡といっても、すべての感染牛ではなく、やはり重症で泌乳量が減少した乳牛は淘汰すべきです。症状が中程度以下の乳牛や潜在性感染牛には、オキシテトラサイクリンの乳房内注入とエンロフロキサシンの全身投与による治療がかなり効果的であることが認められています。

④診断：マイコプラズマは、黄色ブドウ球菌などを検出するための一般的な培養法では検出することはできません。マイコプラズマ用培地を用いて、5% CO_2 下で７～10日間培養する必要があります。しかし、この培養法では非常に時間がかかってしまうので、現在ではPCRを用いた迅速検査法が主になりつつあります。PCR法であれば３～４日で結果がわかるので、短期間で治療や淘汰の判断をすることができ、非常に効率的です。

⑤コントロールと予防：マイコプラズマ性乳房炎は、通常の培養法では菌は生えずに「菌検出なし」となってしまいます。この点が、この乳房炎の対応を非常に厄介にしていると思われます。通常は「菌検出なし」と診断された場合は、約１週間で正常乳に戻ってきますが、それが回復せず、さらに新規乳房炎や複数分房が乳房炎の乳牛が増え、「何か違う乳房炎だな」と感じたらマイコプラズマ性乳房炎を疑う必要があると思われます。そして、乳房炎牛全頭の乳汁検査をPCR法などで行ない感染牛を特定します。

マイコプラズマ性乳房炎と診断された場合は、すぐに隔離し、重症な牛は淘汰、そのほかの乳牛は抗生物質で治療しながら最後搾乳とします。治療後に症状が好転した乳牛は、再度検査し、マイコプラズマが検出された場合は淘汰が推奨されています。また、再検査でマイコプラズマが検出されなかった乳牛は治癒と判定されるわけですが、正常牛群に戻すことはせずに、マイコプラズマ牛群として隔離しておくことも推奨されています。これは、黄色ブドウ球菌性乳房炎感染牛が治癒して、その後一度も発症せず、体細胞数が低く経過している場合でも最後搾乳を続けることと同じです。それはマイコプラズマも黄色ブドウ球菌も伝染性乳房炎原因菌であり、伝染性が非常に強いので、牛群内での感染リスクを最小限に抑えるための方法です。

マイコプラズマ性乳房炎は臨床型だけでなく潜在性乳房炎もあるので、マイコプラズマが検出された時点で全頭検査を速やかに実施する必要があります。そして感染牛が特定されたら隔離牛群へ移動します。

マイコプラズマ性乳房炎の感染初期段階は、バルクタンク乳（BTM）モニタリングで発見することができるので、BTMモニタリングは有効な監視プログラムです。それは、乳房炎を発症すると乳汁中に多量のマイコプラズマが排泄されるので、感染頭数が少なくても発見される確立が非常に高いからです。

また導入した初産牛がマイコプラズマを農場に持ち込むケースが多いとされており、初産牛や乾乳牛の初乳モニタリングもマイコプラズマ性乳房炎をアウトブレイクさせないためには重要です。

マイコプラズマ性乳房炎は1960年代から報告されていますが、農場の大規模化が進むに伴って急激に増加してきました。米国の研究でも、BTMモニタリングにおいて、マイコプラズマの検出率は農場サイズが100頭未満で2.1%、100～499頭で3.9%、500頭以上で21.7%と、頭数が増加するに従って増加していることが認められています。

この乳房炎は非常に伝染性が強く、発症すると農場に甚大な損失を与えるので、BTMおよび初乳モニタリングを実施してマイコプラズマの侵入を早期に食い止めることが、乳房炎コントロールの第一歩だと考えられます。

本稿は、Dairy Japan 2014年4月号～2016年3月号に連載した「エムズ・デーリィ・ラボ便り」に加筆・改稿したものです。

第2章

乳房炎コントロールのポイントを整理する

三浦 道三郎
ミウラ・デーリィ・クリニック 代表、獣医師

酪農場で生産される生乳は、乳蛋白質、乳脂肪、乳糖、ミネラルなどが含まれる貴重な栄養源であり、またそれらを材料にチーズ、バター、ヨーグルトなどの乳加工製品を作り出す重要な資源です。したがって、酪農経営で重要なことは、生産量を増やし多くを販売することです。

乳房炎は、その生乳の生産量を減少、品質の低下、および乳牛個体の損失を招く重大な生産性疾患であり、その経済的損失は多大で、生産現場や酪農産業における大きな生産ロスです。

本章では、乳房炎の発生をどのようにしてコントロールするか、ポイントを以下のように整理しました。

Point 1 牛群の現状を再確認する
Point 2 乳房炎を生産現場で考える
Point 3 正しい搾乳手順
Point 4 移行期の免疫機能と乳房炎

牛群の現状を再確認する

Point
- 生乳の販売単価の確認
- 牛群体細胞数の把握

（1）生乳の販売単価の確認

現在の生乳取引は乳成分の各項目（乳脂肪、無脂乳固形分、細菌数、体細胞数）に対し基準を設定し、成分値に応じて格差金を付加し、販売価格を決定しています。この販売価格に最も影響を及ぼすものが体細胞数であり、体細胞数の数値が基準外となるとペナルティが科せられ販売価格が安くなります。その体細胞数を増加させる原因が乳房炎です。

乳房炎が問題とされるのは体細胞数を増加させるだけではなく、生乳の廃棄、乳成分の低下、生産能力の低下を招き、さらに乳牛の淘汰にもつながります。これらは生産者にとっては大きな損害です。牛群で生産する生乳が適正な価格で販売されているか、品質が高い良質な生産を生産しているか確認しましょう。

(2) 牛群の体細胞数の把握

生乳中の体細胞数（SCC）の増加は細菌感染による組織炎症を意味します。したがって生乳生産部位である乳腺のダメージが、生産性を低下させるということを認識することが大事です。牛群の体細胞の存在を把握し、その意味を理解しましょう。

①バルクタンク乳中の体細胞

バルクタンク乳体細胞数（BTSCC）は、生乳販売価格に直接関わる重要な項目です。したがって常にBTSCCをチェックすることは、製品管理の観点から重要なことです。

バルクタンク乳中の体細胞は、牛群個体が分泌･排泄する体細胞の集合です。乳房炎を起こすと乳房内に白血球などの免疫細胞が遊走し、体細胞数を増加させます。ゆえにBTSCCが増加するということは乳房炎罹患乳房からの生乳混入があるわけで、生乳生産に損失が発生していることを理解する必要があります（**表1**）。BTSCCが20万個／mℓを超えた時点で、その牛群には乳房炎感染があるということになります。牛群のBTSCCがどのような状態であるかを確認します。

表1　バルクタンク乳体細胞数と乳生産量損失率

乳体細胞数（万個／mℓ）	乳量損失率（%）
<20	0
20～30	2
30～50	4
50～100	15
150～200	20

（全国乳質改善協議会1986、MASTITIS CONTROL II 2014）

② BTSCCの変動

BTSCCは外的要因により変動します。通常、個体が分泌・排泄する体細胞数は安定しています。したがってBTSCCも一定で推移します。しかし牛群に何らかの変化が起こるとBTSCCが変化します。そ

図1 組合別バルクタンク乳体細胞数の推移　2011年4月～2012年9月

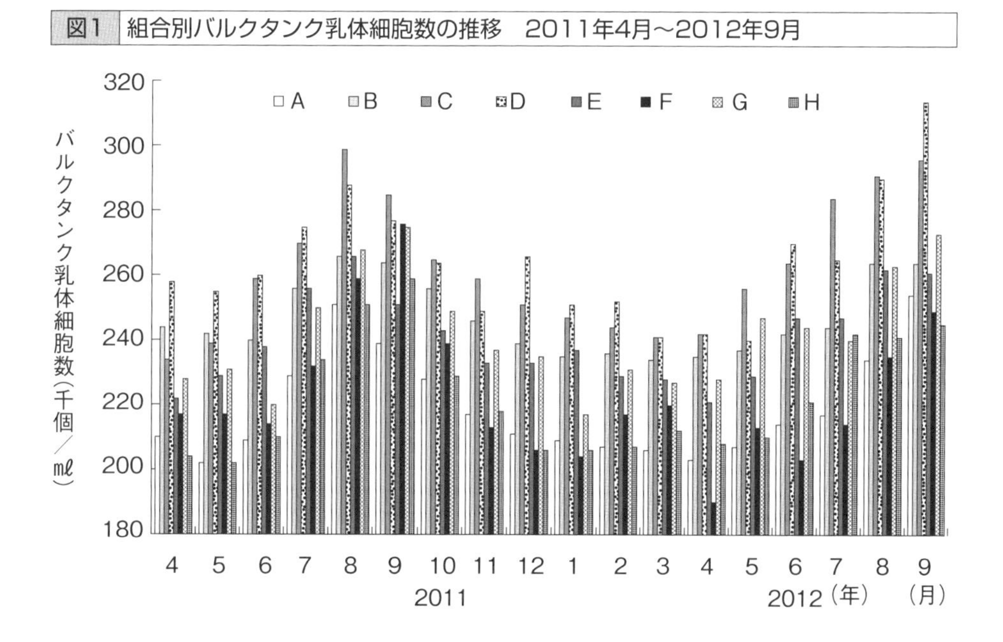

れには大きく環境要因と牛群導入があります。

環境要因とくに季節要因は大きく（図１)、夏期と冬期の気温の変動に伴うストレスは体細胞数に影響します。そのための暑熱対策や寒冷対策は重要な管理です。また問題個体の導入があった場合も、BTSCC が突然上昇する場合があります。**図２**は、１月に導入後、２月に肺炎が発生し、その後３月予知乳房炎が発生し、マイコプラズマ性乳房炎が確認されたケースです。したがって常に BTSCC を監視することは、牛群に発生する問題を早期に解決するための重要なポイントです。

図2 マイコプラズマ性乳房炎発生農場におけるバルクタンク乳体細胞数の推移

（2011年8月～2012年7月）

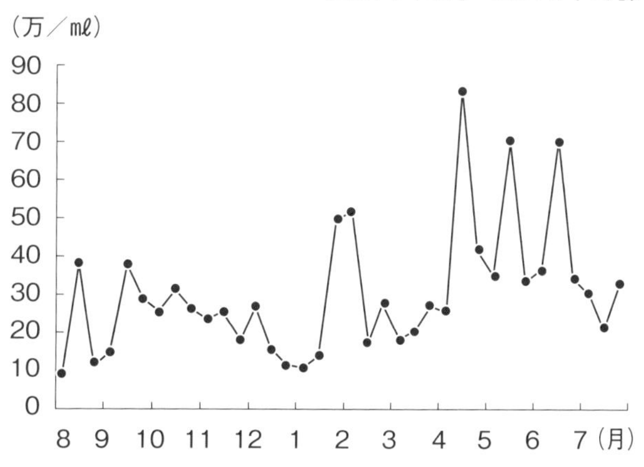

③個体乳中の体細胞数

牛群には初産牛から経産、泌乳初期から泌乳後期といった、いろ

図3　微生物が感染していない分房乳の体細胞数の推移

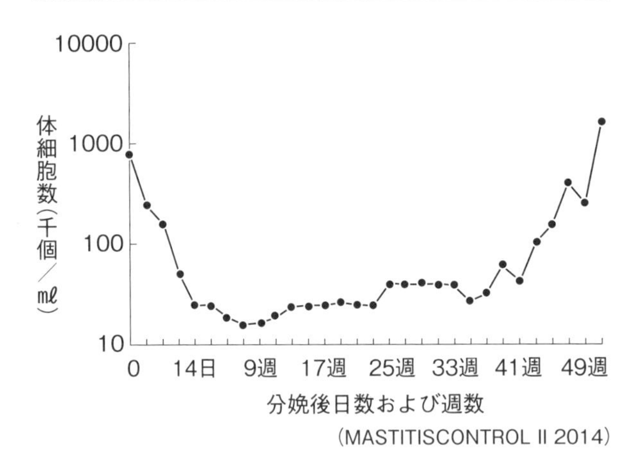

（MASTITISCONTROL II 2014）

表2　個体乳のリニアスコアと損失乳量

リニア※スコア	体細胞数（万個／mℓ）	1日当たり損失乳量（kg）	
		初産牛	2産以上牛
0	0 ～ 1.7	0	0
1	1.8 ～ 3.5	0	0
2	3.6 ～ 7.0	0	0
3	7.1 ～ 14.1	0.6	0.9
4	14.2 ～ 28.2	1.1	1.7
5	28.3 ～ 56.5	1.7	2.5
6	56.6 ～ 113.1	2.3	3.2
7	113.2 ～ 226.2	2.8	4.0
8	226.3 ～ 452.5	3.4	4.7
9	452.6 ～	3.9	5.3

（MASTITISCONTROL II 2014）　（基準：日乳量30kg）

※リニアスコア＝体細胞数を0～9の10段階で分類し、潜在性乳房炎の特定、牛群産乳量の影響を測定するもの

いろなステージの個体が存在します。したがって各個体乳中の体細胞数を把握することがとても重要となります。

生乳中には通常、乳牛が自然に分泌・排出する上皮細胞や少量の白血球などの免疫細胞（10％）が含まれ、分娩後1週間以内および泌乳末期を除いては、通常は10万個／mℓ以下とされています（図3）。

リニアスコア3（体細胞数が7万個／mℓ以上）で乳量損失が発生し、リニアスコアが高くなるに従い、その損失量は増加します（表2）。しかも分娩後日数が早いほど、その損失割合は高まり、分娩後5日で28.4％、15日で27.7％の乳量損失が生じます。リニアスコアには牛群の産次構成や過去の病歴などが影響するので、それらを牛群情報として把握しておかなくてはなりません。

④乳房炎の発生状況

乳房炎の発生はバルク乳中の体細胞数に大きく影響するため、安定したBTSCCを得るためには常に乳房炎発生状況を把握しておかなくてはなりません。

乳房炎を臨床症状で区別すると“臨床型”と“慢性型”に分けられます。

表3 重要なパフォーマンス指標：臨床型乳房炎

指標	計算	推奨ゴール
発生率	初発例数／平均個体数	＜25% 年間発病率
スコア3（重度）の割合	重度（スコア3）症例数／総発症例数	全体のケースの5～20%
死亡率	乳房炎罹患にて死亡した頭数／総乳房炎発症数	2%
治療変更した症例の割合	最初のプロトコルが変えられるか、あるいは非反応のために補足されるケース／全症例数	＜20%
再発例（再発、あるいは悪化）の割合	14日間以内に再発あるいは、より症状が悪化した雌牛の数／総発症件数	＜30%
複数の分房が罹患している牛の割合	2分房以上が影響を受ける頭数／全症例数	＜20%
一例当たりの乳廃棄日数	廃棄日数の合計／全症例数	4～6日間 （*Staph aureus* 治療を除く）
非搾乳分房がある牛の割合	泌乳牛の非搾乳分房がある搾乳牛全搾乳牛数	＜5%

（MASTITISCONTROL II 2014）（基準：日乳量30kg）

臨床型は乳汁・乳房の異常を認め、熱感、腫脹、硬結などを示し、発熱食欲の減退を示します。「乳房炎症状スコア」（第１章 Part2-6「乳房炎の発見の精度を高めるためのスコアリング・システム」参照）ではスコア３にあたり、乳量の減少、泌乳機能の低下、停止を起こし、さらには生体の淘汰に至るケースもあります。

一方、慢性型は食欲の異常などの全身症状は不明であり、乳質および乳房の異常だけのケースで、スコア１および２です。スコア２は明らかな乳質異常を伴うため廃棄されますが、スコア１は通常搾乳されている場合が多いです。バルク乳の体細胞数を増加させる主な原因は、このスコア１のような慢性型乳房炎個体の存在です。このスコア１の個体数の割合や、分泌・排泄される体細胞数の量がBTSCCを決定することから、慢性型乳房炎対策を行なうことが重要となります。

高品質（ハイ・クオリティ）な生乳生産を目指すための、乳房炎発生度合の指標があります（**表３・４**）。初発臨床型乳房炎の発生は年間25%以下で、とくに重度な症例（スコア３）が全体のケースの５～20%、乳房炎よる死亡は全乳房炎症例の2%以内とされています。また、慢性型乳房炎では個体乳リニア

表4 重要なパフォーマンス指標：慢性型乳房炎

指標	算出法	目標値
罹患率	SCC リニアスコア4以上の頭数／体細胞測定頭数	<牛群の15%
発生率	最新のSCCリニアスコア4以上の頭数／前回の閾値以下のSCCの頭数	1カ月で新たな慢性乳房炎の発生が5～8%以下
第1回乳検の罹患率	第1回乳検におけるSCCリニアスコア4以上頭数／第１回乳検体細胞測定頭数	<5%：初産牛の場合 <10%：2産以上の場合
乾乳直前の乳検罹患率	乾乳直前乳検でSCCリニアスコア4以上の頭数／最終乳検頭数	<30%：乾乳直前の乳検実施頭数に対し

牛群モニタリングの目的で、リニアスコア4の体細胞数は＞20万個／mℓを用いた

（PamelaRuegg, DairyProduction Medicine, 2011）

スコア４以上の個体が牛群の15％以下、その発生率は5％以下に抑えること、分娩前後のリニアスコア４以上の個体の発生率はそれぞれ５～10％、乾乳直前のリニアスコア４以上の個体は30％以下とされています。牛群の乳房炎発生状況を観察し、データを集計することが重要です。

⑤個体データの集積

牛群によって乳房炎の状態は異なります。乳房炎を発症した個体のデータを集積することは、乳房炎対策に重要なことです。集積データは以下の項目が必要となります。

1　発生個体（ID）、生年月日、
2　産次
3　最終分娩月日
4　乳房炎原因菌
5　乳房炎症状スコア
6　牛群番号

これらのデータを集積し、乳房炎対策に用います。乳房炎の発生が、産次によるものか、泌乳ステージのどのポイントか、環境によるものかがわかります。また原因菌、症状により対策も異なります（後述）。牛群の場所により、どのような牛群条件で飼育されたかも参考となります。したがって、必ずデータを取り集積することが大切です。

⑥廃棄乳

表5　年間罹患率＜25%とした場合の臨床型乳房炎廃棄乳量の例

平均搾乳頭数（頭）	100	
牛群平均乳量（kg）	30	
月平均生産量（kg）	90,000	
1日平均生産量（kg）	3,000	
月罹患頭数（頭）	2.1	
治療による廃棄日数（日）	6	
月間廃棄乳量（kg）	375	0.4%

（Pamela Ruegg, Dairy Production Medicine, 2011）

乳牛の疾病のうち乳房炎に関わる泌乳器疾病は約30％を占めています。そのように大きな経済損失となっているにもかかわらず、乳房炎の発生は日常的であり、治療行為が日々行なわれています。その結果、「乳房炎＝治療」という構図が当たり前となり、乳質異常および治療などにより出荷できない生乳（廃棄乳）が大量に生産されてしまいます。生理的に出荷販売できない移行乳を除き、廃棄理由および廃棄量を検討する必要があります。

臨床型乳房炎は直接治療されるため乳は完全廃棄され、廃棄乳量は以下で算出されます。

廃棄乳量＝乳房炎発生頭数×治療期間×乳量

それは概ね月生産量の0.4％以下となります（**表5**）。

慢性型乳房炎の場合は食欲などに異常が認められないことから通常出荷されるケースがあるため、実際の廃棄量は不定です。しかし慢性型乳房炎の乳も乳質異常を来し、異常成分、細菌などを混入しており、ほかの個体の新規乳房炎感染原因となるため、感染個体と原因を把握しなくてはなりません。

（3）まとめ

生乳の体細胞数の増加は酪農産業にとって、生産性および収益性を左右する重大な問題です。したがって牛群の体細胞数を把握し、その存在と意味、そして品質の高い生乳生産が最も収益性が高いことを理解し、乳房炎コントロールを行なうことが重要です。

牛群の発生データを基に、乳房炎の発生状況、体細胞数の推移などを精査し、問題点を洗い出すことが乳房炎コントロールの第一歩となります。牛群検定などを活用して個体状況を把握することは、乳房炎対策の大きな手がかりとなります。

Point 2

乳房炎を生産現場で考える

Point
- 乳房炎の99%が細菌感染である。
- 細菌は乳頭口から侵入する。
- 原因菌の確認と存在場所を特定する。
- 常にモニターを行なう。
- 乳頭環境を改善する。

(1) 乳房炎の発生原因

乳房炎は乳生産を行なう乳房に細菌などの病原微生物が侵入し、乳腺組織に感染し、炎症を起こす病気です。その結果、乳生産細胞および組織がダメージを受け乳生産が行なわれなくなります。したがって、この“感染”と“炎症”をコントロールすることが乳房炎の予防となります。

P. L. Ruegg（米国ウィスコンシン州立大学）は乳房炎の発生原因について、「乳房炎の99%は細菌による乳頭口の汚染が免疫防御機能を超えた場合に発生する」と語っています。そして牛群の周囲にいるほとんどの細菌が乳房炎の原因となります。

乳頭口は生体外部環境と内部環境を隔てる最も重要な器官です。乳頭口の閉鎖が、乳房炎の原因となる多種多様な菌の侵入を抑えています。すなわち乳頭口は、細菌感染に対する最大の防御システムなのです。しかし何らかの方法で乳頭口から細菌が侵入すると（バクテリア・アップ）、感染が成立してしまいます。

①乳頭口からの浸潤

乳頭先端が細菌にさらされ、乳頭口に多量の細菌が付着し、また乳頭口の傷などに細菌が付着・増殖し、乳頭管を伝わって乳房内に侵入します。過搾乳などによる乳頭口の傷は（**写真 1**）、細菌定着、通過を容易にさせる重大な原因となります。

②乳頭皮膚の傷

乳頭皮膚のシワや傷に生息した細菌は、搾乳したミルクを汚染し、健康な乳頭を汚染します。乳頭皮膚は通常の皮膚に比べて皮脂腺がないため、保湿性が低く、乾燥や寒冷刺激により荒れやすいものです。

写真1　乳頭口の異常

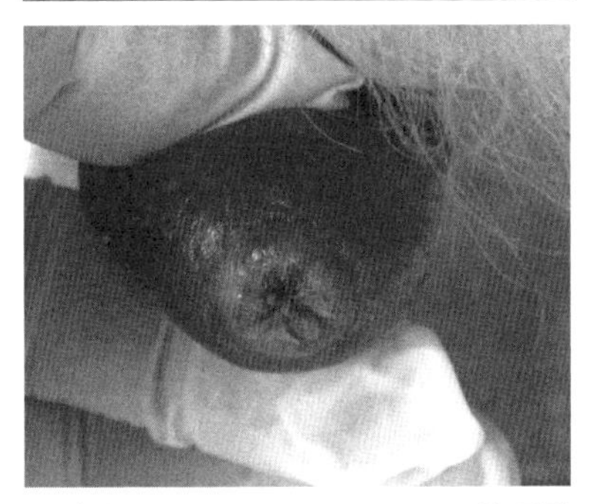

（データ：2010.1.26, 9:16AM, 埼玉県）

③搾乳中のエアー流入（ドロップレッツなど）

ミルカー搾乳中は乳房から一定の真空圧で乳を引き出していますが、ライナースリップや不用意なミルカー操作によりエアーが流入するとクロー内真空圧が変動し（図４）、乳汁の逆流を発生させてしまいます。その結果、乳頭内に細菌を送り込むバクテリア・アップを引き起こすことになります（図５）。

④不衛生な治療行為

乳房炎治療の際、乳頭口から薬剤を入れるにあたり、乳頭に付着している異

図4　ドロップレッツ

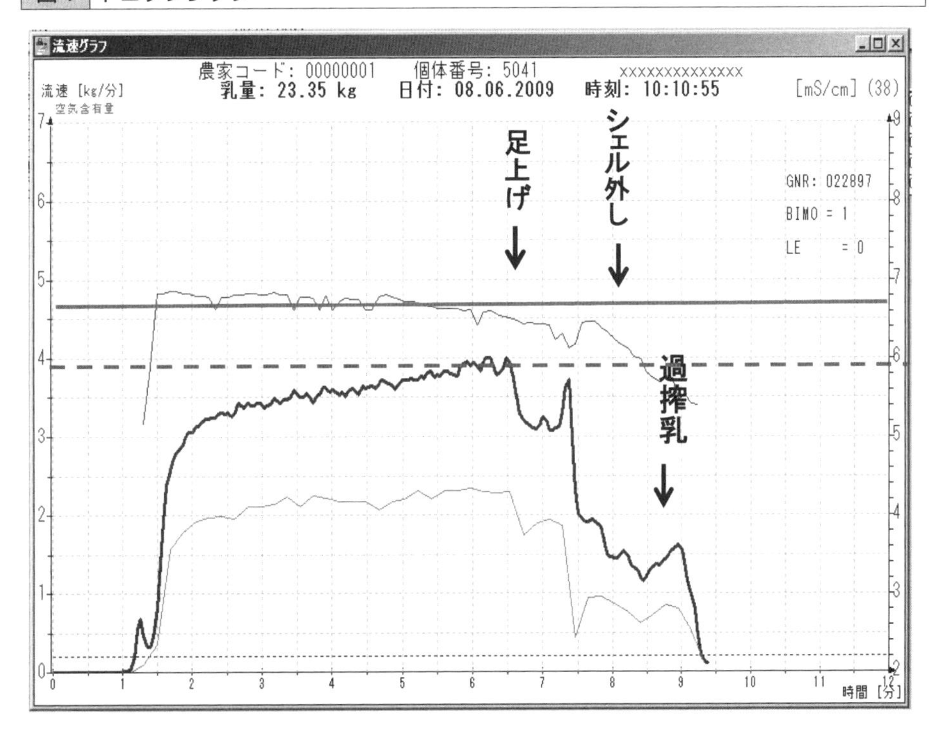

図5 バクテリア・アップ

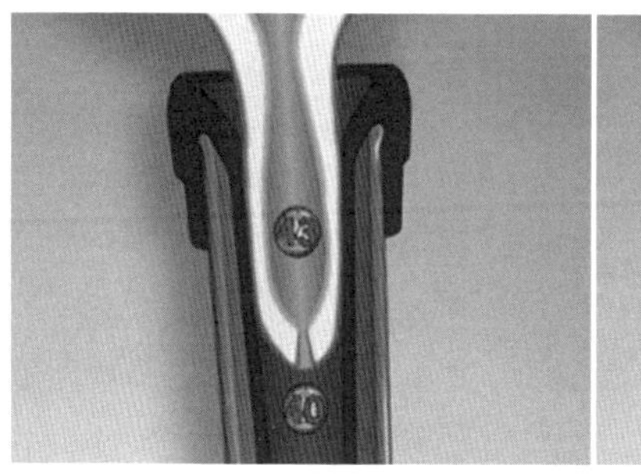

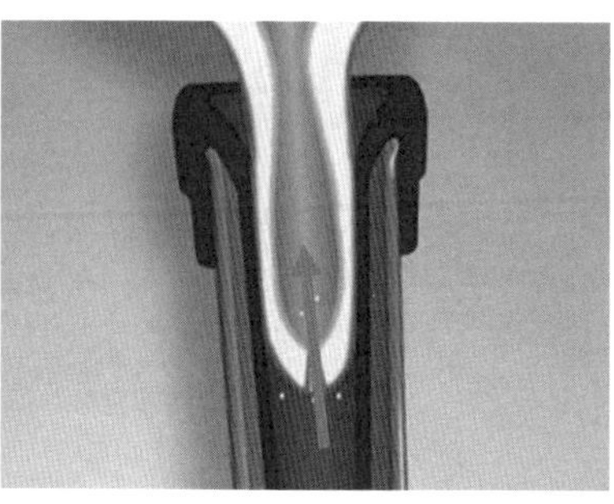

(MANAGING MILK QUALITY)

物を乳房内に侵入させることがあります。それも乳房炎の発生原因となります。

(2) 乳房炎原因菌の確認と原因菌の根源を特定する

乳房炎原因菌は乳牛の周囲に多く存在しますが、乳頭口が侵入を防衛しています。この防衛が崩れると乳房炎が発症します。したがって乳房炎が発症したら原因菌を特定し、原因菌の根源を突きとめることが重要です。

乳房炎の原因菌は感染の仕方により“伝染性乳房炎”と“環境性乳房炎”に分類されます。

①伝染性乳房炎菌

伝染性乳房炎菌は、主に乳頭皮膚や乳頭口の傷などに定着し、乳頭口から浸潤したり、搾乳を介して乳房内に侵入します。さらに人の手や、タオル、搾乳機械を介してほかの個体に感染を広げる危険性が高いものです。体細胞数を著しく増加させ、しかも難治性であることから、感染個体・感染分房を把握し、隔離・淘汰によるコントロールを要します。伝染性乳房炎原因菌には、黄色ブドウ球菌、マイコプラズマがあります。

黄色ブドウ球菌が多くの農場で問題となっている理由は、その細菌の特性にあります。グラム陽性球菌である黄色ブドウ球菌は乳房深部の乳腺細胞にまで浸潤し、潜在性および慢性型乳房炎の原因となります。治癒が困難で、保菌牛になりやすく、牛群全体に広がる危険性があります。黄色ブドウ球菌が難治性を示す理由として、以下の細菌学的特性を持つことが知られています。

・細胞壁成分であるプロテインＡによる好中球からの認識を疎外し貪食を免れる。
・白血球内での殺菌作用を免れ細胞内で長期生存する。
・乳腺組織に微小膿瘍、そしてバイオフィルムを形成し、抗菌剤や免疫細胞からの攻撃を回避する。
・スーパー抗原であるエンテロトキシンを産生し、免疫応答を攪乱させる。
・感染初期での排菌が少なく、体細胞（白血球）に誘導されにくいため発見が遅れる。
・乳頭管内（ケラチンプラグ）での増殖が可能である。

このような特性を持っていることで生体の免疫機構から回避され、感染の拡大を招くこととなります。

黄色ブドウ球菌は、子牛や育成牛にまで拡散されることが確認されています。そこではサシバエなどの吸血昆虫による乳頭の傷が原因となっています。したがって初産牛の黄色ブドウ球菌感染症も問題となります。

マイコプラズマも大きな問題となる伝染性乳房炎原因です。マイコプラズマは一般細菌検査では検出できない、細菌とウイルスの中間的サイズの微生物であり、特殊培地や検査が必要とされる乳房炎原因微生物です。マイコプラズマによる乳房炎は、バルク乳細菌検査で細菌数が少ないにもかかわらず体細胞数が高く、とくに子牛や育成牛でマイコプラズマ肺炎が観察される牛群は注意が必要です。

②環境性乳房炎菌

レンサ球菌や大腸菌群は環境性の細菌であることから、環境性乳房炎の原因菌とされています。主な根源は糞便や敷料であり、通常、乳頭皮膚には定着していません。

レンサ球菌のなかでもウベリスは治療に抵抗し、長期的に体細胞数を増やす原因菌であり、潜在性および慢性型乳房炎の原因です。しかも、その潜在的乳房炎個体は、ときとしてほかの個体に伝染させるケースもあるのでエスクリン陽性レンサ球菌として区別され、個体の把握と適切な対応が必要です。

大腸菌群には、大腸菌、クレブシェラ、緑膿菌、セラチアなどがあり、いわゆるグラム陰性桿菌です。これらの細菌による乳房炎は重篤な症状を示します。

その理由は、グラム陰性菌の構造上の特性として細胞外膜構造に存在するエンドトキシンが細胞膜破壊により遊離した結果、生体で各種サイトカインを産生させ種々の生物活性を示し、組織炎症反応や重篤な生体反応、ショック症状を示すからです。

環境性細菌の多くは牛群環境由来であり､大腸菌は環境や糞など､クレブシェラは敷料、セラチアは土壌、緑膿菌は水まわりの汚染により増加します。したがって、これらの乳房炎の発生においては飼養環境の改善が必要とされます。

③バイオフィルム

細菌は定着（感染）すると自身の酵素を出し、多糖類、蛋白質などを利用して高分子組成物であるバイオフィルム（菌膜）を形成します。バイオフィルムは細菌集団を形成し､細菌の増殖を促し､細菌集団を成長させます。バイオフィルムは抗菌剤や免疫細胞に耐性を示すことから、持続性および慢性の細菌感染の根源となります。

バイオフィルムを形成する細菌は現在、微生物の普遍的な属性と考えられています。Jacques M ら（2010）は、獣医領域における感染症の原因となる細菌の多くがバイオフィルムを形成することを報告しています。黄色ブドウ球菌、連鎖球菌、大腸菌群などによる乳房炎が慢性で難治性を示すのは、こうした細菌の特性があることを理解する必要があります。

（3）原因菌の存在場所を特定

乳房炎の原因となる細菌は､ほぼ特定の場所に存在します(**表6･7**)。したがって検出された細菌がどこから侵入したかを確認することは重要なことです。とくに伝染性乳房炎では発生源が感染乳房の場合があるので、その感染個体を特定して隔離しなくては被害が拡大します。

また、クレブシェラ、緑膿菌、セラチア菌などは敷料や搾乳施設内に存在することから、これらの細菌による乳房炎の発生が生じた場合は汚染個所の確認と改善が必要です。

表6 房炎原因菌のガイドライン（1）

Classification	細菌名	伝染／環境	根源	汚染経路	防除
Staphylococcus spp.	*Staph. aureus*	伝染	感染乳房、手、作業者	搾乳時	ディッピング、乾乳期治療、隔離、淘汰
	Coagulase (-)staph. & S.hyicus	どちらといえない	皮膚細菌叢環境	皮膚源から乳首への汚染	ディッピング、乾乳期治療
Streptococcus spp.and Enterococcus spp.	*Strep. agalactiae*	伝染	感染乳房	搾乳時	搾乳衛生、ディッピング、乾乳期治療
	Strep. dysgalactiae	伝染／環境	感染乳房環境	搾乳時&環境接触	搾乳衛生、ディッピング、乾乳期治療
	Strep. uberis	環境	環境乾乳初期	乾乳初期の新期感染	搾乳衛生、ディッピング、乾乳期治療、ティートシール
	Environmental strep & Enterococcus spp.	環境	環境	環境接触	搾乳衛生、ディッピング、乾乳期治療、ティートシール

C. S. Petersson-Wolfe and J. Currin
Virginia Tech Mastitis & Immunology Laboratory & Virginia Maryland Regional College of Veterinary Medicine
(Information obtained from NMC Laboratory Handbook on Bovine Mastitis and veterinary consultation for treatment recommendations)

(4) 新規感染リスク

乳房炎の新規感染の原因は、高体細胞数牛、黄色ブドウ球菌とマイコプラズマの検出、子牛に乳房炎ミルクを与えている、サシバエ管理の不備、子牛間の接触、若い雌牛への抗生物質治療の不在、成牛との交流、不適当な搾乳習慣、不衛生な飼育環境などです。こうした環境下の育成牛は乳腺炎感染率が高く、黄色ブドウ球菌とマイコプラズマを保有して分娩します。

ほかの牛群から導入した個体も、飼育されていた環境によっては乳房炎罹患の危険性があります。一定期間牛群から隔離し、健康状態を観察し、異常がないかどうかを確認してから牛群に合流させるべきです。このことは、黄色ブドウ球菌、マイコプラズマはじめ、ほかの伝染病（白血病、BVD-MD、Rsウイ

表7 房炎原因菌のガイドライン(2)

Classification	細菌名	伝染／環境	根源	汚染経路	防除
Gram negetives	*Escherichia coli*	環境	ベッド、糞、土壌	環境接触	牛の清潔と乾燥、砂のベッド、プレディップ、ワクチン
	Klebsiella spp.	環境	敷料	環境接触	おが屑や戻し堆肥を避ける、プレディップ、ワクチン
	Enterobacter spp.	環境	ベッド、糞、土壌	環境接触	牛の清潔と乾燥、砂のベッド、プレディップ、ワクチン
	Serratia spp.	環境	土、植物	環境接触	牛の清潔と乾燥、プレディップ
	Pseudomonas spp.	環境	水、湿ったベッド	環境接触	パーラーでの水使用、クーリングプールの禁止、砂のベッド、プレディップ、ワクチン
	Proteus spp.	環境	ベッド、エサ、水	環境接触	Not much known, 砂のベッド、ワクチン
	Pasteurella spp.	おそらく伝染性	哺乳類と鳥の上気道	不明 cow to cow	乳頭損傷の防止、隔離、淘汰
Other	Yeast & mold	環境	土、植物、水	汚染注入	無菌注入
	Corynebacterium bovis & other coryneforms	伝染	感染乳房	Cow to cow	ポストディップ
	Prototheca	環境	土、植物、水	汚染注入 感染乳房	無菌注入、感染牛の排除
	Bacillus spp.	環境	土、水	汚染注入	無菌注入
	Arcanobacterium pyogenes	伝染/環境	乳頭損傷	ハエ	ハエ対策

C. S. Petersson-Wolfe and J. Currin
Virginia Tech Mastitis & Immunology Laboratory & Virginia Maryland Regional College of Veterinary Medicine
(Information obtained from NMC Laboratory Handbook on Bovine Mastitis and veterinary consultation for treatment recommendations)

ルスなどの呼吸器疾患）の予防にもなります。

また乾乳時同様に、分娩前も乳房炎発症の危険性が高いです。分娩前のストレスは免疫能を低下させ、前産乳期からの罹患分房での再発や新規感染を招きます。とくに分娩後疾病（胎盤停滞、産褥熱、乳熱、ケトーシス、第四胃変位など）の発症率が高い牛群は、その傾向が高いです。搾乳牛の分娩前検査を行なうことは、乳房炎の感染拡大を未然に防ぐ重要な予防体制です。

(5) 牛群環境

乳牛が置かれている環境に、乳牛がどれだけ適応しているかが問題です。牛体、乳房および乳頭皮膚に付着している細菌の量および種類は飼養環境によって変化します。そこで、健康な個体の清潔状態（汚れ具合い）を把握します。牛体の汚れは皮膚の抵抗力を低下させるとともに清拭の不備を招くからです。乳頭・乳房を汚さない環境を心がけます。

ハイジーン（衛生）スコアは、乳房および乳頭の細菌汚染状況を示します（図6）。スコアが上がるに従い乳房炎の感染リスクは高まります。スコア３および４の乳牛が20％以下であることが望ましいとされています。牛体の汚れ状態を観察し、牛体がいつも清潔であることが重要です。

図6　乳房のハイジーンスコア

1-866-TOP-MILK

DATE: ______
FARM: ______
GROUP: ______

UDDER HYGIENE SCORING CHART

Score udder hygiene on a scale of 1 to 4 using the criteria below.
Place an X in the appropriate box of the table below the pictures.
Count the number of marked boxes under each picture.

SCORE 1	SCORE 2	SCORE 3	SCORE 4
Free of dirt	Slightly dirty 2 – 10 % OF SURFACE AREA	Moderately covered with dirt 10 – 30 % OF SURFACE AREA	Covered with caked on dirt >30% OF SURFACE AREA

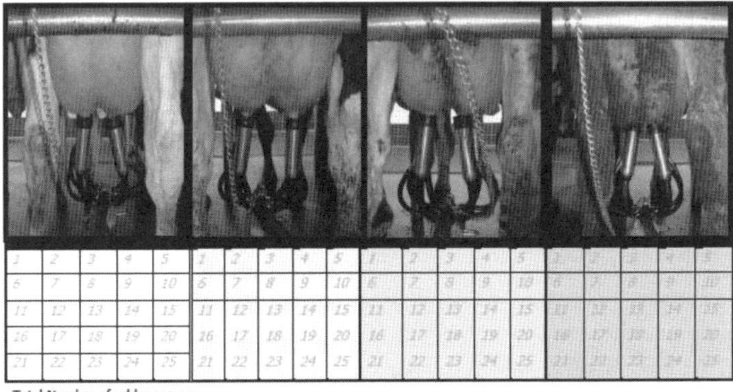

1	2	3	4	5	1	2	3	4	5	1	2	3	4	5	1	2	3	4	5
6	7	8	9	10	6	7	8	9	10	6	7	8	9	10	6	7	8	9	10
11	12	13	14	15	11	12	13	14	15	11	12	13	14	15	11	12	13	14	15
16	17	18	19	20	16	17	18	19	20	16	17	18	19	20	16	17	18	19	20
21	22	23	24	25	21	22	23	24	25	21	22	23	24	25	21	22	23	24	25

Total Number of udder scores: ______
Number of udders **scored 1:** ______
Number of udders **scored 2:** ______
Number of udders **scored 3:** ______
Number of udders **scored 4:** ______

Percent of Udders Scored 3 & 4: ______

Udders scored 3 and 4 have increased risk of mastitis as compared to scores 1 & 2

 Chart developed with input from Dan Schreiner and Mike Maroney

写真2 カウトレーナーの効果

2014／8／13

2014／9／19

敷料は細菌数の検査も重要です。ストレプトコッカス・ウベリスはストロー系敷料に、クレブシェラはオガクズに多く存在します。クレブシェラは敷料1g中に1000以上の検出は危険なので、検査結果を基に敷料の消毒や交換を行ないます。

繋ぎ牛舎では、牛床と個体のサイズにより糞尿の排泄箇所が異なり牛床汚染となります。そこでカウトレーナーで、糞尿が尿溝に落ちるように乳牛の排泄ポジションをコントロールします(写真2)。またシュウドモナスは、ウォーターカップ、水槽のまわり、ときに湿ったタオルなどに存在するので、敷料や搾乳機材の汚染状況を確認します（写真3・4)。

牛舎環境の改善も重要です。暑熱・寒冷ストレスは乳牛の抗病性を低下させます。暑熱における牛群ストレスを軽減することは重要なポイントです(図7)。気温が上がり、温湿度指数（THI）が上昇するとストレスが高まります。寒冷刺激の対策も重要です。乳頭の低温・乾燥は乳頭のひび割れの原因となり、細菌感染を増加させます。防風ネットや寒冷遮などを利用し、体表・乳頭に冷気が強く当たることを防ぎます。また乳頭が接触する牛床やベッドは、できるだけ乾燥させることが重要です。

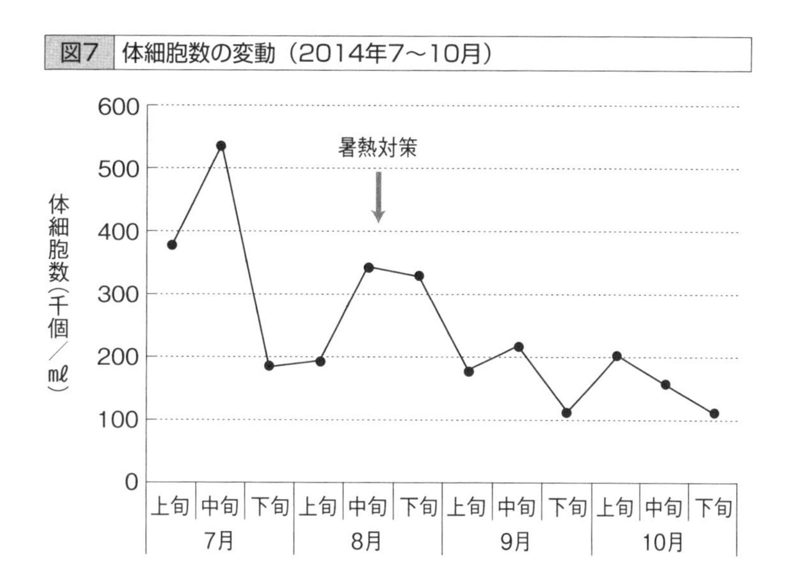

図7　体細胞数の変動（2014年7～10月）

(6) まとめ

乳房炎の発生は、乳房内への細菌侵入で起こります。この現象をどのように考えるかが、乳房炎発症率を左右します。牛群に起こっている原因を確認し、モニターを行ない、それに適した対策をとることが重要です。

また、牛群を取り巻く環境には多くの細菌が存在します。牛体を清潔にして飼養することが一番大切なことです。そのための牛群環境の整備や清掃が大切となります。牛体、牛床、そして牛群を清潔にしましょう。

写真3　通路の適切な除糞

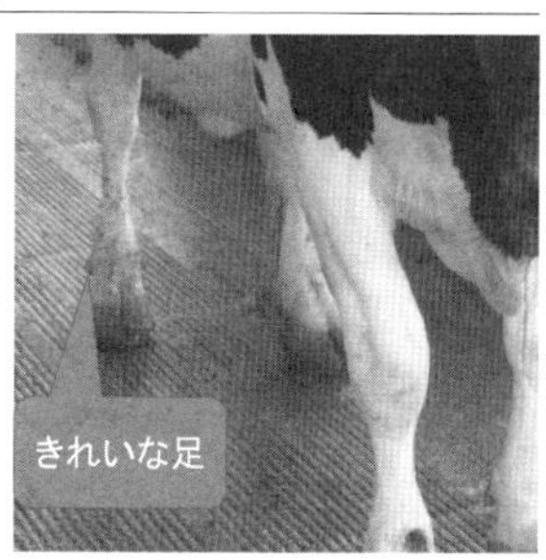

写真4　乾いた敷料と適切なベッドメーキング

Point 3

正しい搾乳の手順

Point
- 健康な牛群を作り出す飼養環境
- 感染予防を意識した搾乳手順
- ディッピングの重要性
- 適切な搾乳機器

毎日の搾乳作業を見直すことは乳房炎予防の第一歩です。搾乳作業は乳房に直接触れる毎日の作業です。搾乳を行なうにあたり重要なことは、作業環境、作業者、および道具がきれいであることが重要です。また、乳房炎を起こさないためには、細菌を感染させない、増加させないことです。したがって、乳房炎予防を意識した搾乳作業を再確認することが重要です。

（1）適切な牛群環境

乳牛が飼養されている環境には微生物が存在し、いつでも生体に侵入される状況にあります。きれいで快適な牛群環境は、個体の健康状態を高め、抵抗力を生むことから、しっかりと管理することが重要です。

①栄養状態

牛群の栄養状態が良くないと生体の防御システムは形成できません。牛体（被毛）の光沢、ボディコンデション・スコア（BCS）などで個体の栄養状態を観察し、過不足のない適切な栄養を供給し、牛群の健康状態を管理することが重要です。

②飼養環境

適切な栄養を供給することは牛群の健康管理の最も重要な項目です。泌乳量に見合ったエネルギーおよび蛋白質、十分に採食できる飼槽、新鮮で十分な給水、ストレスのない牛群密度は、日々の栄養摂取において欠かせない要因です。

③居住環境

牛群の居住スペースを常に快適にすることは、牛群にストレスを与えない重要な項目です。とくに換気は重要で、牛舎内で発生するアンモニア、メタンガス、二酸化炭素といった有害なガスや粉塵、過度な湿気、細菌などを排除し、常に新鮮な空気に入れ替えなければなりません。夏期の換気は重要であり、気温と湿度を指標とした温湿度指数（THI）を用いて牛群の温度・湿度管理を行ないます。

THIはヒートストレスの簡単な測定・評価法です。現在の高泌乳牛はTHI65～68でヒートストレスを感じ始めます。有効な気化冷却システムを利用することが重要です。

④牛体衛生スコア

糞や泥による牛体の汚れ状態を示すものであり、とくに乳房や乳頭の汚れ状態の評価は乳房炎予防に重要です。牛床の衛生状態（きれい・乾燥・快適）を維持する管理が重要です。

(2) 搾乳手順

適切な搾乳手順は泌乳効果を促進し、病原微生物の侵入を抑制します。乳頭・乳房に対する衛生効果を十分にイメージして作業することが大事です。

①プラスチック手袋の装着

作業者は必ずプラスチック手袋を装着します。人の皮膚には人の常在細菌があり、黄色ブドウ球菌を保有している場合もあります。したがって搾乳作業中に感染させてしまう危険が高いです。また搾乳中の細菌汚染をなくすために頻繁に手を洗うことからもプラスチック手袋の装着は必要です。

②適切な搾乳手順（変法ミネソタ法）

ｉ プレディッピング

今日の搾乳手順におけるプレディッピングの存在はとても重要です。薬剤を利用したプレディッピングは乳頭皮膚を消毒し、乳頭表面の汚れ、乳頭口先端の汚れを落とします。そして、5回以上前搾りを行ないます。乳頭内に溜まった乳を排泄し、きちんと力を込めて乳頭に刺激を与えることが重要です。乳頭の刺激はオキシトシンの分泌を促し、搾乳時間の短縮につながります。

前搾り乳はストリップカップに受け、異常乳かどうかを確認します。

概ね30秒間薬剤に浸漬させます（コンタクトタイム）。

ⅱ 手を洗う

汚れた手で次の作業を行なわないために必ず手を洗います。

ⅲ 乳頭清拭

1頭につき1布以上のきれいなタオルなどを用いて薬剤および汚れを拭き取ります。乳頭の細菌を拭き取るイメージが重要です。とくに乳頭先端の汚れは丁寧に拭き取ります。

ⅳ ティートカップの装着

前搾りから概ね90秒後にミルカーを装着します。この際、空気の流入を最小限にします。乳頭とミルカーが捻じれていないかどうかを確認します（アライメント調整）。乳頭の捻じれは乳流量を変え、搾乳時間の延長につながり、その結果、乳頭先端への過度な真空圧をかけ、乳頭口の損傷となります。

またティートカップのアンバランスは、ライナースリップの原因となります。乳頭口とティートカップの密着が緩んでエアーが入るとクロー内圧が変化し、乳の逆流現象（ドロップレッツ）が発生します。そのとき細菌の乳房内侵入（バクテリア・アップ）が起こり乳房炎の原因となります。

ⅴ ティートカップの離脱

搾乳時間は5分以内で終わらせることが泌乳生産を高めます。それは十分なオキシトシン分泌による短期間の泌乳であり、また乳頭先端への真空圧負荷時間の短縮となります。

ティートカップの離脱タイミングは重要で、4分房が搾乳されたタイミングで離脱することが重要です。最初の2.5分で全体の約75%が搾乳され、残りの数分で搾乳される量はわずかです。したがって5分以上装着していても全体の乳量はほとんど増えず過搾乳となります（図8）。

ティートカップを離脱するときは、しっかりと真空を解除し、ゆっくり4本同時に離脱します。シャットオフバルブを閉じて完全に真空が遮断したことを確認し、2～3秒待ってから離脱します。これを怠ると、真空状態が続いていることからドロップレッツ現象が発生し、バクテリア・アップとなります。

ⅵ ポストディッピング

搾乳後の乳頭にはミルクのフィルムが付着しているので、そのまま放置す

図8　過搾乳

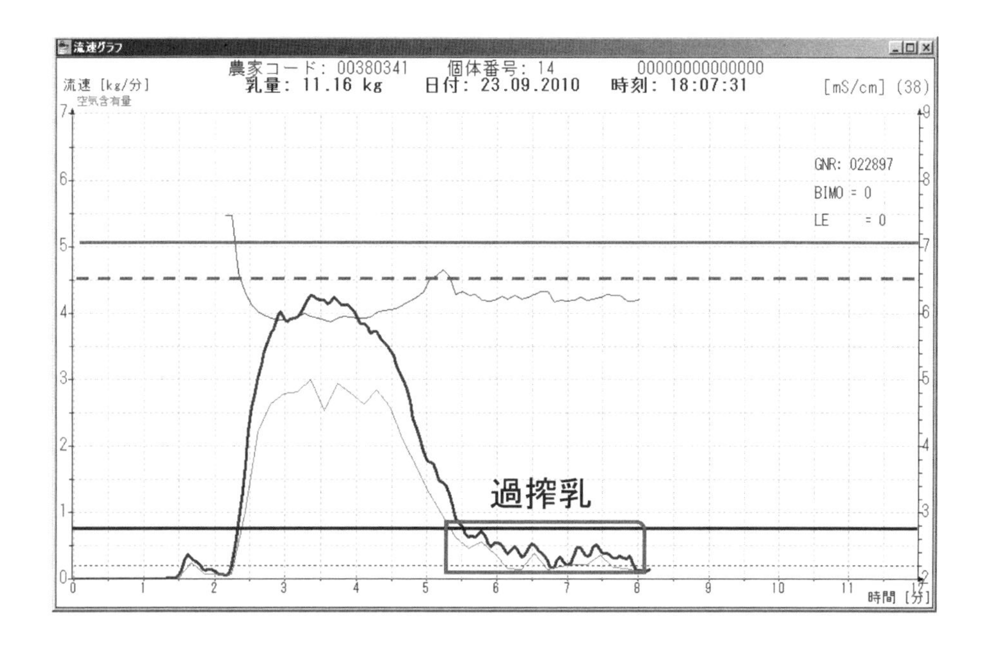

ると微生物の繁殖を促すこととなります。したがって搾乳を終えたら直ちに適切なディッピング剤で確実に浸漬し、ディッピング・ミス（写真5）をなくします。

ポストディッピングの目的は以下です。

・ミルクフィルムを洗い流す。

・乳頭表面を殺菌する。

・乳頭口を薬剤でふさぐ。

・乳頭皮膚を保護する。

写真5　不確実なポストディッピング

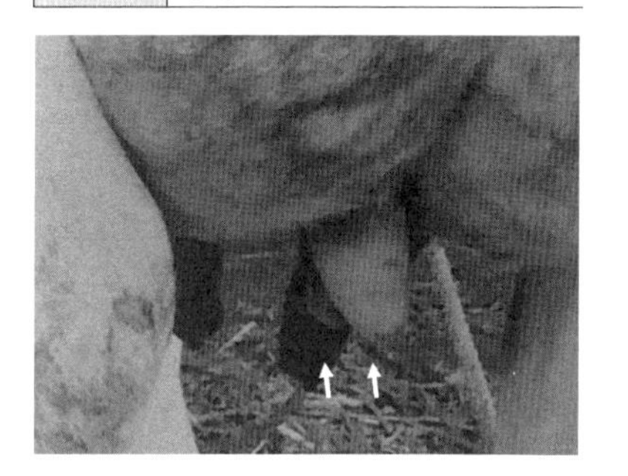

ポストディッピングは専用のディッパーを用いて乳頭全体をしっかり浸漬することが重要です。

(3) ディッピングの重要性

搾乳作業におけるプレディッピングおよびポストディッピングは、乳房炎コントロールにおいてとても重要です。

プレディッピングは、環境性乳房炎原因菌である表皮ブドウ球菌、環境性レンサ球菌および大腸菌などによる乳房炎の予防となり、乳房炎の発症率を約50%減らします。また乳頭口および乳頭皮膚の損傷から定着した黄色ブドウ球菌を殺菌します。プレディッピングは、いわば食事前の手洗いです。

Oliver（1993）は、ストレプトコッカス・ウベリスや黄色ブドウ球菌による新規乳房炎発生率に関して、プレディッピングとポストディッピングを行なった群はポストディッピングのみを行なった群と比較して34%低かったことを示しています。

ポストディッピングも、伝染性乳房炎原因菌である黄色ブドウ球菌、コリネバクテリウム・ボビスのコントロールにつながります。乳頭に付着した乳汁をもとに細菌が増殖することを抑え、乳頭口をブロックし乳頭皮膚の保護となります。ポストディッピングすることにより搾乳と搾乳の間の感染を予防します。有効な薬剤により正しい方法で行ないましょう。

（4）乳頭の寒冷ストレス

寒冷期は乳頭に寒冷ストレスを与えます。牛舎および牛床温度の低下は乳牛の末梢の血流量を減少させ、乳頭端の温度を低下させます。

写真6は左側伏臥位から起立した乳牛のサーモグラフィ写真で、左前乳頭先端（白矢印1）は12.5℃と低温を示しています。上になっていた右前乳頭端（白矢印2）は約10℃高い22.5℃を示しており、乳頭間に温度差が認められます。皮膚温度が低下すると皮膚の保湿性が下がり、皮膚の乾燥につながります。その結果、皮膚のひび割れが発生します。このように寒冷期の牛床温度は乳頭端

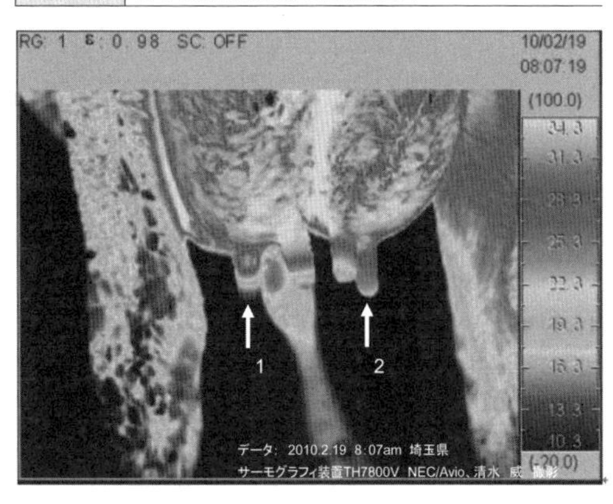

写真6 搾乳前乳頭端の温度低下

に対して強く影響を及ぼすことから、寒冷期の牛床温度および湿潤コントロールは重要です。

(5) 搾乳機械のメンテナンス

毎日使用している搾乳機械は、正常に作動しているかどうかは定期的に点検しなくてはなりません。

搾乳機械点検項目として、システム真空圧、ドロップテスト、リカバリーテスト、パルセーター検査など、洗浄システムの点検などがあります。また、直接乳頭に触れるライナーゴムの定期交換には細心の注意が必要です。

直接乳頭に接する真空圧が過剰だと乳頭口の損傷につながります。しかし低い真空圧でも搾乳時間の延長になり、乳頭口の損傷にもなります。適正な真空圧で正しい搾乳を行ないましょう。

(6) まとめ

乳房炎の原因は、細菌の乳房内への侵入です。日々の搾乳作業において、細菌感染のイメージがきちんと想像できることが感染予防につながります。搾乳作業者全員の意識を統一し、乳頭からの細菌の侵入を予防することが最も重要なことです。とくに、栄養状態の低下は大きな問題となります。移行期の栄養管理を適切に行ない、抗病性の高い健康な牛群を作ることが乳房炎予防に重要です。

搾乳作業を正しく行なうことは「クリーンな仕事」につながります。細菌感染を予防することは食品衛生と同じことです。

Point 4

移行期の免疫機能と乳房炎

Point
- 移行期の蛋白質不足は免疫機能を低下させる。
- 低カルシウム血症は乳房炎リスクを高める。
- 遊離脂肪酸（NEFA）の増加は免疫機能を低下させる。

乳房炎は乳房に細菌が侵入し、炎症を引き起こす感染症です。しかし乳牛の生産活動場所には病原微生物が存在し、乳牛は常に病原微生物による発病の危険に曝されています。通常は、これら病原体の侵入は防御され、感染に対してもそれを撃破し、生体を守る抵抗力を有しています。この感染と抵抗のバランスが免疫力です。乳房炎は、この免疫バランスが崩れたときに発症します。したがって乳房炎予防のためには、免疫システムを理解し牛群の免疫力を高めることが重要です。

（1）免疫システム

免疫とは､「自己」と「非自己」の認識から起こる一連の生体反応です（小沼操、動物の免疫学、第2版、2-7、文永堂出版、2003)。免疫システムとは、生体である乳牛（＝自己）に、病害をなす細菌などの病原体（＝非自己）を侵入させないようにすること、また侵入されたときにそれを排除するシステムです。この病原体を排除するシステムには､「自然抵抗性」（非特異的）と「獲得免疫」（特異的）があります（表8)。

自然抵抗性は、病原体などが外部から侵入した際に、初期に働く免疫システムです。単純かつ最も重要な自然免疫システムの代表が“皮膚”です。健康な皮膚は病原微生物との接触を皮膚表面で抵抗し、汗腺から分泌される汗で洗い流し、汗の酸性により微生物を不活化させて生体への影響を抑えます。

乳牛にとって最も重要な自然抵抗システムは、乳頭口括約筋による乳頭口の閉鎖です。乳頭口の確実な閉鎖は外部からの細菌の侵入を遮断します。また乳

表8　自然免疫と獲得免疫

	自然免疫／非特異的	獲得免疫／特異的
構成要素	皮膚、乳頭括約筋、気道、消化管	骨髄、胸腺、リンパ球、リンパ節
細胞	マクロファージ、好中球、天然キラー細胞など	Bリンパ球、Tリンパ球
蛋白質	インターフェロンなどの抗病因子、補体など	免疫グロブリン
特定性	特定でない	病原性を特定
速度	誘導時間なし	作動するのに何日もかかる
免疫学の記憶	免疫記憶にとらわれない	免疫記憶を基に増加
ステージ	初期	遅い段階

頭口上部の乳頭管にはケラチンという蛋白質があり、そこには免疫因子が存在し、殺菌効果があります。さらに乳房内には異物を素早く処理する食細胞（マクロファージ）やNK（天然キラー）細胞などといった細胞性因子が病原微生物を貪食・破壊して排除殺菌作用を示し、ディフェンシン、カテリジン、ラクトフェリンなどの抗菌因子が細菌の増殖や定着を抑制します。これらの自然抵抗性は乳牛が本来持ち合わせているものであり、細菌感染に対して素早く反応する免疫システムです。

一方、獲得免疫は、病原性（抗原）を持った非自己を認識し、それに対して特異的な抵抗物質「抗体」を作って抵抗するシステムです。主に白血球が担当し、抗原に対して特異的な鍵（レセプター）を持ったリンパ球が接触し、排除に当たります。リンパ球が主体となって作用するものを細胞性免疫といい、リンパ球系細胞であるT細胞が担当します。また抗原に対して抗体を作成して排除に当たるものを液性免疫といい、B細胞が担当します。この獲得免疫は、病原体を認識してからその情報を基に免疫機構を働かせるので、自然免疫よりは発現が遅いという特性があります。

乳牛は、これらの免疫システムを働かせて乳房炎に対する抵抗性を保っています。しかし、病原微生物から攻撃を受けて免疫システムが崩れたときに感染症の発症となります。したがって乳房炎発症を免疫力の低下と理解して、この後の発症予防につなげることも重要です。

(2) 乳頭の自然抵抗性の低下

乳牛の乳頭に備わる自然抵抗性は皮膚と乳頭口です。多くの細菌が存在する環境でも、健全な皮膚と乳頭口の遮断が備わっていることにより細菌の侵入を予防できます。しかし寒冷刺激や乾燥、糞などの付着は皮膚表面の保水性を低下させ、皮膚を荒らし、細菌感染を起こします。とくに黄色ブドウ球菌は荒れた皮膚表面に感染しやすいことから、冬場の乳頭環境は乳房炎予防の重要なポイントです。また過搾乳などの不適切な搾乳は乳頭口を損傷させ、乳頭口の閉鎖機能を低下させ、細菌感染を招く原因となります。

この乳頭の自然抵抗性を落とさないためには、乳頭保護のための正しい搾乳と環境管理が重要です。

(3) 移行期の乳房炎感染リスク

乳牛における乳房炎感染リスクは分娩前後の2～3週間の移行期に多く(図9)、その理由として移行期の免疫力低下が関与しています。

①分娩前後の生理およびホルモン作用

分娩前後の2～3週は、ほとんどの乳牛は免疫抑制下にあり、好中球機能(自然免疫)とリンパ球機能(獲得免疫)が25～40%低下しています。この時期は分娩に伴う血中エストロゲンの急上昇により、消化器官の機能を低下させ生理的に乾物摂取量の減少を招きます。また分娩前に急激に上昇する副腎皮質ホルモン自体に免疫抑制作用があることから、生理的に分娩前後の免疫力の低下となり

図9 周産期における新規感染リスク

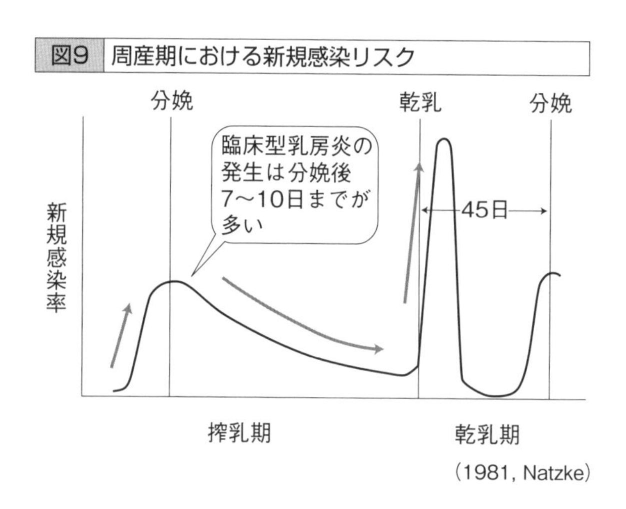

(1981, Natzke)

ます。

②アミノ酸の低下

多くの免疫物質は蛋白質を基本に作れられています。アミノ酸は蛋白質の構造体であり、近年の研究では免疫反応におけるアミノ酸の重要性が示されています。しかし移行期は乾物摂取量の低下によりエネルギーおよび蛋白質バランスの低下が起こりやすく、このことも移行期の乳房炎リスクを高める原因となります。

ｉ 移行期の筋肉蛋白質の低下

分娩前後の乳牛は、乾物摂取量の減少に伴うエネルギーバランスの低下を招きます。その背景には、妊娠･胎子成長に伴うエネルギー要求量の増加に対し、供給量の不足によるマイナス（負）のエネルギーバランスがあります。

乳牛にとって重要な妊娠による胎子成長は、糖、脂質および蛋白質によって維持されています。乾乳期および分娩前は、胎子の増体重が最も大きくなり、胎子および胎盤の成長には多くの蛋白質が供給されます（Ferrell ら、1975）。妊娠後期における胎子のエネルギー要求は蛋白質（アミノ酸として）が最も多く、その要求量は1306Mcal／日に及び、これらは母体側の輸送蛋白質により供給されます（Bell ら、1995）。

また分娩移行期の新たな乳合成に伴う乳腺へのエネルギー供給は多くの蛋白質、糖および脂質の供給を伴うことから、さらなるエネルギー要求量が高まります。その結果、蛋白質不足となり、負の蛋白質バランス（Negative Protein Balance：NPB）が生じることとなります（Ji P. ら、2013）。

さらに分娩直後の著しい乳生産エネルギーの要求は、筋肉蛋白質の動員により補てんされます。分娩後7日目までは最大600 g／日の蛋白質が不足します（Bell ら、2000、**図10**）。これは分娩後3～6週で27～36kgの筋肉を失うことに相当します。乳腺での乳合成に必要なアミノ酸とブドウ糖に対する要求を満たすためで、最高1000g／日の組織蛋白質の動員が必要であることが示唆されています。その結果、分娩後4週までに頚部側の筋肉（Reid ら、1980）や背最長筋（Drift ら、1995）の薄化が起こります。このことは移行期の代謝蛋白質（MP）不足を、貯蔵蛋白質である筋肉蛋白質の動員で補っていることを示しています。筋肉蛋白質の動員は骨格の支持、運動性、消化活動の減少、

図10 分娩後の代謝蛋白質バランス

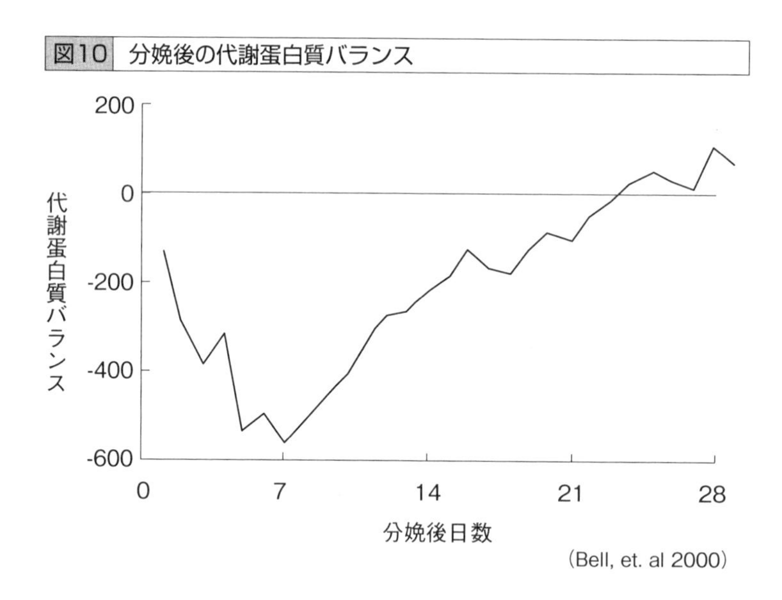

日常行動を制御し、生体に栄養供給や免疫機能を維持する血清蛋白質を低下させます。

ⅱ アミノ酸と免疫作用

分娩後の蛋白質バランスの低下は、アミノ酸不足を招くこととなります。アミノ酸は免疫反応に重要な役割を担っており、とくに免疫細胞に対する影響を示します。Tリンパ球、Bリンパ球、NK細胞とマクロファージといった免疫細胞の活性化や、免疫抗体、サイトカイン、ほかの細胞障害性物質の生産に関与します。筋肉中に多く存在するアルギニン、グルタミン、メチオニン、システインはとくに重要とされています。

蛋白質の主要な構成成分であるアルギニンは、グルカゴン、インスリン、成長ホルモンの分泌刺激促進作用があり、胸腺などのリンパ器官を増大させます。またグルコースとアミノ酸の代謝を調節し、白血球における代謝も促進させます。さらに成長ホルモンによる胸腺におけるTリンパ球の産生、骨髄中の造血前駆細胞の数およびサイトカインのT細胞の応答、樹状細胞の抗原提示機能を増大させる役割を亢進させることから、アルギニンはリンパ球系細胞の活性を高め細胞性免疫能を亢進させます。

グルタミンは血漿、骨格筋、胎子体液および乳中に豊富なアミノ酸で、ブドウ糖とともに免疫細胞に対する主要なエネルギーを供給し、免疫細胞の機能と恒常性を担っています。またグルタミンは細胞DNAとRNAの合成のための前駆体を提供し、リンパ球増殖に関連する細胞内グルタチオンを合成、食細胞活性およびマクロファージのIL-1分泌を促進します。

含硫アミノ酸であるメチオニンおよびシステインは、免疫システムの蛋白質合成に重要な役割を持つアミノ酸です。メチオニンは遺伝子発現の調節など個体の発生やさまざまな細胞の分化に重要な役割を果たすメチル基を提供し、免疫機能を含む生体活動に必要な蛋白質の合成に関与します。またシステインはグルタチオン（GSH）および動物細胞におけるH2S（シグナル伝達分子）の前駆体であり、その代謝は著しく感染に応答し、フリーラジカルや活性酸素（例えば、ヒドロキシルラジカル、脂質ペルオキシラジカル、パーオキシナイトライトおよびH_2O_2など）の解毒作用に関与します。こうしたアミノ酸の不足は免疫細胞の機能低下につながります。

③低カルシウム血症

移行期の低カルシウム血症、とくに乳熱は乳房炎リスクを増加させます（Curtisら、1983）。乳牛の分娩前後の急激な乳合成は低カルシウム血症に陥りやすく、その傾向は経産牛に強くなります。その結果、筋肉の収縮性が低下し、乳頭管括約筋収縮が低下し、病原菌の乳頭からの侵入を許すこととなります。カルシウムの筋肉収縮作用は、骨格筋以外に、内臓に存在する平滑筋にも作用します。低カルシウム血症は消化管運動も抑制することから栄養素の消化吸収を抑制し、さらに第四胃変位の発生要因となります。この低カルシウム状態は分娩後の1週間まで続くことをGoffら（1996）は示しています。

また低カルシウム血症は免疫細胞の活性化を低下させます（Kimuraら、2006）。リンパ球のような免疫細胞はバクテリアに遭遇すると免疫抗体や殺菌ペプチドを産生し病原性微生物を殺菌しますが、低カルシウム血症はこの機能を低下させます。

④遊離脂肪酸（Non-Esterified Fatty Acid：NEFA）

NEFAは泌乳のエネルギー要求の急増で上昇します（Goff, 2002）。周産期のエネルギー供給は多くの蛋白質を供給し、その材料として糖とアミノ酸が消費されます。そのエネルギー供給を補うため体脂肪の動員が始まります。上昇したNEFAは産後14日での乾物摂取量の低下に関連し、子宮炎や乳房炎の発生率を増加させます。

動員されたNEFAは肝臓で代謝されますが、許容量を超えるとケトン体〔アセト酢酸、3-ヒドロキシ酪酸（β-ヒドロキシ酪酸）、アセトンの総称〕を生産します。分娩後の血清中のNEFAの増加は免疫細胞の分裂増殖および白血球での活性酸素発生を抑制します（Ster, 2012）。β-ヒドロキシ酪酸は好中球細胞外トラップ形成と殺菌活動を抑制します（Grinberg, 2008）。

（4）移行期の乳房炎感染予防

一般に、分娩前後2～3週の乳牛は乳房炎リスクが高いことが知られています。健康な移行期を経過させるためには、強い免疫力、正常なカルシウム代謝、適正な栄養摂取によるエネルギーバランス維持が必要です（Goff, 2002）。**表9**に乾乳期およびフレッシュ期の栄養ガイドラインを示しました。重要なポイントは以下です。

- 乾物摂取量は牛群の体重を把握したうえで算出すること。
- 乾乳前期のエネルギーは過剰にならないように要求量の100～105%に設定すること。
- 乾乳期のエネルギー過多に注意し、BCSの変化がないようにコントロールする。

表9 AMTSによる移行期の栄養ガイドライン

ステージ	乾乳前期	クロースアップ	フレッシュ
DMI %予測値	98～102	98～102	98～110
DMI kg／日	12.7～14.5	12.2～13.6	16.8～19.1
peNDF %DM	>25	>25	22～25
NFC %DM	<27	<27	35～40
糖 %DM	0～12	0～12	0～12
デンプン %DM	<15	<15	20～30
糖＋デンプン %DM	<25	<25	25～35
総脂肪 %DM	<4	<4	2～4.5
粗飼料NDF %BW	0.8～1.0	0.8～1.0	0.8～1.0
代謝エネルギー %要求量	100～105	100～105	95～100
代謝蛋白質 %要求量	100～105	100～105	100～105
Lys・Met %要求量	>100	>100	>100

・分娩前後の移行期はエネルギー、蛋白質の不足を予防し、過度なNEFAとBHBAの上昇を抑える。
・代謝蛋白質は1200～1300g／日以上を摂取させ、不足部分はバイパス蛋白質を利用すること。
・代謝蛋白質中のリジンおよびメチオニンをそれぞれ90g／日、30g／日を給与すること。
・分娩前後の蛋白質バランスが低下しないように蛋白質リザーブ（貯蔵）を作ること。
・メチオニンは肝臓における脂質代謝を改善し、抗酸化物質反応および白血球貪食能を増加させる。
・乳熱および低カルシウム血症を起こさないようにミネラルコントロールすること。
・Mgの添加量に注意し、0.4％以上とする。

急激な乳生産のためのアミノ酸およびブドウ糖要求が、大量のエネギーおよび蛋白質の消費を発生させます。その結果として起こる負のエネルギーバランスは、ケトーシスおよび脂肪肝のような移行期の代謝疾患を発症し、体蛋白質は喪失しアミノ酸の供給不足が生じます。これらが生体の免疫機能の低下をもたらすことになるので、移行期の栄養管理を充実することが乳房炎発症予防に重要です。

(5) まとめ

乳房炎は乳牛の活動環境状態（条件）を大きく作用します。生体は多種な細菌攻撃に対し身を守るシステムを備えています。しかし、人の行なう作業が乳牛の細菌感染を容易にさせます。とくに、栄養状態の低下は大きな問題となります。移行期の栄養管理を適切に行ない、抗病性の高い健康な牛群を作ることが乳房炎予防に重要です。

多くの牛群データを常に集積し、乳房炎の発生要因を多角的、立体的に分析し、予防対策を行なうことが乳房炎コントロールです。

第3章

乳房炎コントロールの今後

三好 志朗
エムズ・デーリィ・ラボ 代表、獣医師
●
三浦 道三郎
ミウラ・デーリィ・クリニック 代表、獣医師

21世紀に入り、細菌検査や治療技術の進歩、そして農場の大型化に伴い、乳房炎コントロールを取り巻く状況が変わりつつあります。

1960年代に抗生物質の乳房注入薬が開発されてから、すべての臨床型乳房炎の治療において抗生物質の乳房内注入が推奨され実施されてきました。また予防に関しても、乾乳期にすべての分房に乾乳期用の抗生物質の注入が推奨されてきました。この乳房注入薬による治療により、確かに無乳レンサ球菌や黄色ブドウ球菌などの伝染性乳房炎原因菌による潜在性乳房炎の感染率は著しく減少しました。しかしその反面、臨床型乳房炎の発生が多くなり、抗生物質の使いすぎによる薬剤耐性菌の増加や抗生物質の生乳への混入などが大きな問題として出現してきています。

また最近の消費者の、食の安全・安心への関心の高まりは畜産業界における薬剤の使用を制限させる方向へ導いており、酪農現場でも治療による抗生物質の乳汁中移行に対して厳しい検査が行なわれるようになってきました。さらにはアニマルウェルフェアの考えが導入され、乳牛への不必要な苦痛や自由の束縛などに対し制限すべきであるとの考え方が浸透しつつあります。

ここでは、そうした変化のなかで、現在行なわれている乳房炎治療などをもとに今後の乳房炎コントロールについて考えてみたいと思います。

(1) 環境性原因菌コントロール

乳房内注入用の抗生物質の進歩や伝染性乳房炎コントロールの5ポイントプラン（1 搾乳後の乳頭消毒、2 全頭における乾乳期治療の実施、3 臨床型乳房

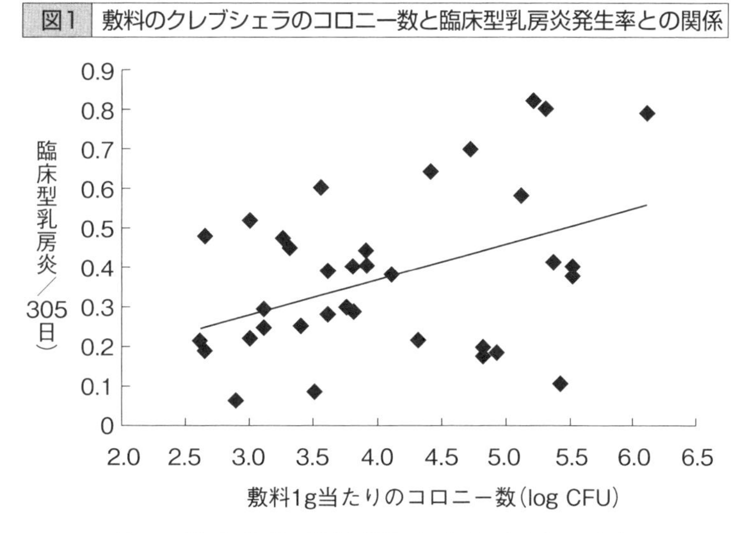

図1　敷料のクレブシェラのコロニー数と臨床型乳房炎発生率との関係

Hogan JS, Smith KL, HobletKH, et. al., Bacterial counts in bedding materials used on nine commercial dairies, J. Dairy Sci. 1989:72:250-8

（Ruegg P., 牛の乳房炎、デーリィマン社）

炎の適切な治療、4 慢性乳房炎牛の淘汰、5 定期的な搾乳機器のメンテナンス）の実施により、潜在性乳房炎の原因になる無乳レンサ球菌、黄色ブドウ球菌などの伝染性乳房炎原因菌（以下、伝染性原因菌）による乳房炎は非常にコントロールされてきています。その結果、バルクタンク乳体細胞数（BTSCC）は減少しているのですが、その反面、臨床型乳房炎は増加する傾向にあります。この原因は、日和見細菌である環境性乳房炎原因菌（以下、環境性原因菌）です。

環境性原因菌にはグラム陰性菌（大腸菌やクレブシェラなど）とグラム陽性菌（*S.* ウベリスや *S.* ディスガラクティアなど）が含まれます。環境性原因菌は文字どおり環境からの曝露により乳頭を汚染し、中程度～重度の臨床型乳房炎を発症させます。しかしながら、これらの菌は、乳頭皮膚で長く生存することができませんので、搾乳直前に環境から乳頭が汚染された可能性が非常に高いと考えられます。したがって臨床型乳房炎を予防するためには、牛床や敷料など含めた牛舎環境の整備が重要になってきます。

まずは牛が寝起きし乳房や乳頭が直接的に接する牛床が、クリーンでドライであることが基本です。さらに牛床で用いられる敷料マネジメントも重要です。日本で使用されている敷料はほとんどが有機質なので、環境性原因菌にとって

図2 敷料に嫌気性分解物を用いた、ウィスコンシン州の700頭の農場における潜在性乳房炎（n=49例）と臨床型乳房炎（n=17例）から検出された原因菌の割合（2010年4月）

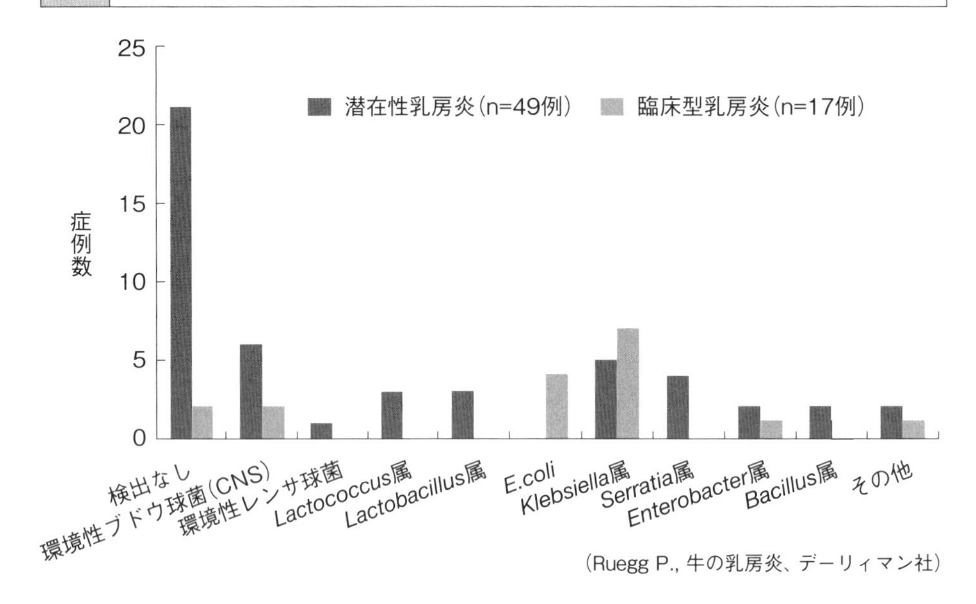

（Ruegg P., 牛の乳房炎、デーリィマン社）

は増殖に適しています。図1は敷料中のクレブシェラの菌数と臨床型乳房炎の発症率の関係を示したものですが、敷料1g当たりの菌数が増加するに伴い臨床型乳房炎が増加していることを示しています。図2は糞尿を嫌気性分解槽で処理した嫌気性分解物（日本の戻し堆肥は好気性発酵分解物です）を敷料に使用したときに発症した乳房炎原因菌を示したものです。多くの環境性原因菌が潜在性や臨床型乳房炎の原因になっていることが認められます。分解槽から取り出したときの嫌気性分解物では、ほとんどの菌が殺菌された状態なのです。しかしながら嫌気性分解物は腸内細菌にとっては増殖に適した培地であるので、敷料として使用した場合、糞尿が混入すれば環境性原因菌が急激に増殖し乳頭汚染の原因になってしまいます。

図3は、9農場で搾乳前の乳頭消毒を0.5%ヨウ素のディッピング剤で従来どおりの方法で行なった群（マニュアル群）と、二酸化塩素を使用したティートスクラバー（乳頭洗浄システム）で行なった群（ティートスクラバー群）の、乳頭のグラム陰性菌数を比較した結果です。マニュアル群では9農場とも一人の研究者が同じ方法で行ない、ティートスクラバー群では同一機種が使用されました。マニュアル群では同一人間が行なったにもかかわらず、消毒後の乳頭

図3　2種類の方法による搾乳前の乳頭消毒後の乳頭皮の細菌数の差

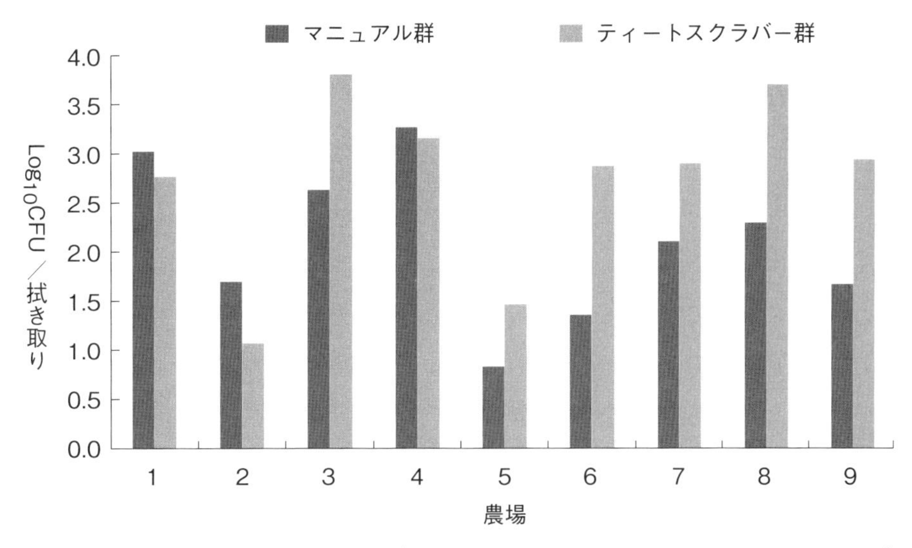

（Nydam, D.V., Proceedings, NMC 56th Annual Meeting）

の細菌数は差が認められました。ティートスクラバー群はマニュアル群よりも差が認められましたが、これは使用した二酸化塩素の濃度の違い（範囲は50～850ppm）によるものだと考えられており、500ppm以下では消毒効果が低いと述べています。つまりこのことは、環境性原因菌の乳頭への汚染を減少させる環境マネジメントを実施することがまず重要であり、環境マネジメントができなければ推奨されている乳頭前消毒を行なっても細菌数を減少させることはできないということです。そして敷料から乳頭への細菌の汚染を減少させるためには、敷料中の細菌数の検査（ベディングカルチャー）を定期的に実施することも重要です。

さらに環境性原因菌に乳頭が汚染されないためには、牛床や敷料マネジメントだけではなく、牛床タイプ、ストールデザイン、飼育密度、糞尿処理方法なども非常に関係しているということを知っておく必要があります。

（2）乾乳期における乳房炎治療

乾乳期は搾乳により傷んだ乳腺細胞を退行させ、次の泌乳に備えるために新しく健康な乳腺細胞が増殖する期間です。同時に乾乳期は乳房炎を発症しやすい時期でもあります。乾乳直後は乳頭口が完全に閉鎖しておらず漏乳しやすいので、細菌の乳房内侵入を容易にしてしまうためです。そのため乾乳直後に乾乳期用抗生物質の注入が実施されてきました。現在では、乾乳牛全頭の全分房に抗生物質を注入することが推奨されています。この方法は、全頭（包括的あるいは無差別）乾乳期治療（BDCT：Blanket dry cow therapy）と呼ばれています。それに対して、特定の乳牛や分房を選んで抗生物質を注入する方法を選択的乾乳期治療（SDCT：Selective dry cow therapy）と呼んでいます。

実際、乳房炎コントロールが上手くいっている農場では60～80%の分房は乾乳時には乳房炎感染していないので、全頭に乾乳期用抗生物質を乳房内注入する必要はないと考えられています。実際、北欧のスウェーデン、デンマークやほかのヨーロッパ諸国（例えば、オランダ）などでは、BDCTはすでに許可されていません。

ここ数年、抗生物質の過度の使用を防止するためか、改めてSDCTの研究が行なわれてきました。カナダでは、16農場において乾乳時に体細胞数（SCC）が20万個／mℓ以下の乳牛726頭を用いて、BDCTとSDCTの比較試験が行なわれました。試験方法は、乾乳牛を無作為に選別し、BDCT群は、すべての分房に乾乳期用抗生物質を注入後、乳頭口から漏乳や細菌侵入を防止する乳房内シーラントを注入しました。SDCT群は、乾乳前にオンファームカルチャーで乳汁培養を行ない、細菌感染が認められた分房には乾乳期用抗生物質を注入し、細菌感染が認められなかった分房には乳房内シーラントのみを注入し抗生物質注入は行ないませんでした。そして分娩後3～4日、5～18日の乳汁の細菌検査と、分娩後120日以内の初回乳房炎発症状況を調べました。その結果、分娩直後および120日以内における乳房炎発症リスクにおいて、BDCT群とSDCT群で違いは認められませんでした。研究者は、乾乳時に細菌検査を行ない、それをもとに感染分房のみに抗生物質を注入することでSDCTは成功すると述べています。米国ミネソタ州での試験でも、乾乳時に細菌検査を行なうことでSDCTを成功させることができると報告しています。

SDCTを採用する条件としては、無乳レンサ球菌が検出されず、黄色ブドウ球菌も皆無に近い状態で、バルクタンク乳体細胞数（BTSCC）が25万個／mℓ

以下と考えられています。このような条件を満たしている農場であればSDCTを採用して成功させる可能性があります。SCDTを成功させるためには、乾乳期に抗生物質を使って効果がある乳牛と効果がない乳牛を、しっかりと区別することが重要なのです。

なお、カナダの試験で使われていた乳房内シーラントは、まだ日本では許可されていませんので、SDCTを導入するには、乾乳期における乳頭口からの細菌の侵入防止のプロトコルを開発する必要があると思われます。

(3) 疼痛（ペイン）コントロール

この10年来、世界的に畜産現場におけるアニマルウェルフェアに対する関心が高まってきています。家畜として生存するうえでの快適性、機能性、動物の習性に応じた環境が得られているかが問われており、アニマルウェルフェアの求める「五つの自由（解放）」（以下）が提唱されています。

1 飢えと渇きからの自由（解放）
2 肉体的苦痛と不快からの自由（解放）
3 外傷や疾病からの自由（解放）
4 恐怖や不安からの自由（解放）
5 正常な行動を表現する自由（解放）

家畜の疼痛はアニマルウェルフェアを潜在的に低下させる原因であると考えられており、乳牛が疾病に陥った場合は、常に疼痛が伴うと考える必要があります。イギリスの牛獣医師を対象にした疼痛全般に対する意識調査では、疼痛を10段階（レベル）評価した場合、軽度の臨床型乳房炎はレベル3で、飛節擦過傷の脱毛や第四胃変位と同じスコアでした。エンドトキシン・ショックを伴う重篤の乳房炎はレベル7で、骨折や蹄膿瘍と同じスコアでした。重篤の乳房炎は疼痛を伴うということは理解できるのですが、食欲低下や発熱などを伴わない軽度の乳房炎においても疼痛が存在しているということを、われわれは改めて理解する必要があると考えられます。

アニマルウェルフェアの「五つの自由（解放）」という観点から臨床型乳房炎を考えると、「2 肉体的苦痛と不快からの自由（解放）」と「3 外傷や疾病からの自由（解放）」が損なわれています。したがって乳房炎を早期発見し、疼痛の原因となっている炎症を、できるだけ早く取り除くことが必要になります。さらに「4 恐怖や不安からの自由（解放）」や「5 正常な行動を表現する自由（解放）」なども牛舎環境などから損なわれる可能性もあると考えられます。

乳牛の疾病における消炎鎮痛には非ステロイド系炎症剤（NSAIDs）が多く用いられており、乳房炎の治療にも当然使われています。とくに重篤な乳房炎、例えば、エンドトキシン・ショックを伴う大腸菌性乳房炎などはNSAIDsを投与するケースが非常に多くなってきています。実験的に大腸菌を乳房内に注入して発症させた乳房炎におけるNSAIDsによる治療が、大腸菌性乳房炎の悪影響を緩和させ、乾物摂取量や泌乳量を改善することが認められています。

しかしアニマルウェルフェアの観点からすると、強い疼痛を伴っていないと思われる軽度あるいは中程度の乳房炎に対しても疼痛コントロールが必要であり、それが乳牛ウェルフェアの改善になると考えられています。軽度あるいは中程度の乳房炎に対してのNSAIDsを投与して疼痛コントロールを行なった試験では、NSAIDs投与群は無投与群に比べ、疼痛レベルが早期に通常状態に回復し、心拍数や呼吸数も減少し、乳房炎による疼痛や不快感を早期に緩和させることができたと述べています。またニュージーランドでは、軽度あるいは中程度臨床型乳房炎に対するNSAIDsと非経口抗生剤を併用した試験をしており、NSAIDs治療群と対照群で、治療後の泌乳量での差は認められなかったが、体細胞数ではNSAIDs治療群が低く、体細胞数が原因で淘汰されるリスクが低くなると述べています。

2017年の全米乳房炎協議会（NMC）の年次学会では、泌乳量が30kg以上で乾乳にするのは疼痛が伴うのでアニマルウェルフェアの観点から考えるとまずいのではないか、という考え方も発表されていました。しかしながらアニマルウェルフェアの観点からではなくとも、すべてに臨床型乳房炎に対して疼痛コントロールを行なうことは炎症を早く回復させ、泌乳量や乳質を低下させないためには必要であり、これから積極的に取り組んでいかなければならない分野であると考えられます。

＊

乳房内注入用抗生物質の進歩、ディッピング剤の開発、乳房炎ワクチン開発、さらには農場の規模拡大に伴い、乳房炎コントロールの方法も大きく変わり進歩してきました。しかしながら乳房炎は「古くて新しい疾病」と言われるように、現在でも農場で重大な疾病であり、大きな損失の原因となっています。

近年の著しい牛群規模の拡大は、生産性および収益性を高める大きな力となっています。しかし、確実な牛群管理能力が伴わないと、大きな損失を生ずる危険性が高まります。したがって、異常が起こっていないか、多角的モニターを行なうことが重要となります。

さらに今後は食の安全・安心やアニマルウェルフェアの考え方が広まるにつれ、不必要な抗生物質などの使用についても大きく制限される可能性が高くなると思われます。

乳房炎の99％は乳頭口から細菌が侵入して発症する疾病です。農場を取り巻く状況がどのように変わろうと、乳頭が細菌により汚染されないようなドライでクリーンな環境を作るという基本に立ち戻って、乳房炎コントロールを考えることが重要なのではないでしょうか。

三好 志朗
Miyoshi Shiro

獣医師。昭和52年に日本獣医畜産大学獣医畜産学科卒業。
平成７年米国オハイオ州立大学農学部酪農学科修士課程卒業、埼玉県農業共済組合連合会勤務、全農嘱託職員として米国ウィリアムマイナー農業研究所研究員を経て、平成9年にコンサルテーションAPM開設、11年に㈲アニマルプロダクションマネージメント設立。21年にエムズ・デーリィ・ラボ設立。
酪農場の管理獣医師として関東地域を中心に活動。講演・通訳、獣医専門誌・酪農専門誌に多数執筆。

三浦 道三郎
Miura Michisaburou

獣医師。昭和56年日本大学農獣医学部獣医学科卒業。
名古屋酪農協同組合、埼玉県農業共済組合連合会を経て、平成27年にミウラ・デーリィ・クリニック開設。
酪農管理獣医師、全国農業協同組合連合会埼玉県本部嘱託職員、デラバル㈱アドバイザーとして活動。
講演、獣医専門誌・酪農専門誌に多数執筆。
所属会：農場管理獣医師協会、大動物臨床研究会、日本乳房炎研究会、Bovine Mastitis Research（BMR）など。

最新 乳房炎コントロール
損失を最小限にする

著　者　三好 志朗　　三浦 道三郎
印　刷　2017年8月10日
発　行　2017年9月１日
発行所　㈱デーリィ・ジャパン社
〒162-0806　東京都新宿区榎町75番地
TEL 03-3267-5201　FAX 03-3235-1736
www.dairyjapan.com
デザイン　㈲ケー・アイ・プランニング
印　刷　渡邊美術印刷㈱
ISBN 978-4-924506-71-8　定価（本体3,200円＋税）